일러두기

이 책에 소개하는 과학책의 난이도는 다음과 같이 구분했다.

★	**중1부터**	아주 쉬움
★★	**중2부터**	쉬움
★★★	**중3부터**	보통
★★★★	**고1부터**	어려움
★★★★★	**고2부터**	매우 어려움

10대를 위한

나의 첫 과학책 읽기 수업

책으로따뜻한세상만드는교사들

조영수, 류수경, 유연정, 홍승강 지음

다른

과학책의 매력에 흠뻑 빠지다

가로등이 희미한 좁은 골목에 자리한 허름한 주택. 삐걱거리는 대문을 열고 들어가면 오른쪽에 가파른 계단이 보인다. 아슬아슬한 계단을 올라가면 큰 옥탑방 같은 집이 나온다. 그 집의 현관문을 열면 왼쪽에 아주 작은 방이 있다. 거기에 4명의 교사가 모여 있다. 변변한 탁자 하나 없고, 줄줄이 쌓인 책 때문에 편안하게 앉기에도 비좁은 공간이다. 이곳에서 각자 읽은 과학책에 대해 다양한 생각을 나누고 그 책의 가치를 가늠한다. 때로는 서로 공감하고 때로는 논쟁하면서 밤늦게까지 토론이 이어진다. 그러다 보면 어느덧 막차 시간이다.

4명의 저자가 이 책《10대를 위한 나의 첫 과학책 읽기 수업》을 쓰기 시작할 즈음 한 자리에 모인 풍경이다. 돌이켜 보면 그때 정말 치열하고도 즐겁게 과학책을 읽었다. 몇 개월 동안 2주에 한 번씩 서너 권의 과학책을 주제로 진지하게 토론했다. 몸은 고단했지만 집으로 돌아갈 때 마음만은 뿌듯했다.

사단법인 책으로따뜻한세상만드는교사들책따세은 매년 청소년을 위한 과학책을 추천한다. 책따세는 2012년 한국과학창의재단에서 주최한 '사이언스 북 페어'에 참여했는데, 이 행사를 위해 그간 추천한 과학책을 한데 묶어 소개하는 자료집을 만들었다. 그런데 많은 아쉬움이 남았다. 자료집에는 서평만 있을 뿐 과학책을 어떻게 읽어야 할지 친절하게 안내하는 내용이 빠져 있었다. 그래서 추천 도서들을 다시 꼼꼼하게 읽어 보기로 결심했다. 이것이 이 책을 쓰는 계기가 되었다.

사실 저자들은 과학책을 멀리할 수도 있었지만 특별한 인연으로 과학책과 가까워졌다. 어릴 적 꿈이 과학자였지만 적성에 맞지 않아서 꿈을 접은 국어 교사, 학생들에게 수학이 중요하다는 것을 알려 주기 위해 꾸준히 책을 읽고 권하는 수학 교사, 소설《토지》를 인생의 책으로 꼽으면서도 과학책 읽기 모임에 꾸준히 참여하는 초등학교 교사, 스스로 수학 포기자, 물리 포기자라고 강조하지만 어느새 과학책 읽기에 흠뻑 빠진 국어 교사. 이렇게 4명이 과학책을 함께 읽으면서 이 책을 썼다. 과학을 전공하지는 않았지만 과학책에 대한 열정과 애정은 누구보다 크다고 자신한다. 이 책에서도 이런 마음을 듬뿍 담으려고 노력했다.

이 책의 1장에서는 과학책 읽기에 대한 전반적인 방향을 제시한다. 우리가 과학책을 왜 읽어야 하고, 어떻게 읽어야 하는지 구체적으로 안내한다. 4명의 저자가 수차례 논의한 결과물이다. 과학책의 세계를 여행하고 싶은 독자나 과학책 읽기 지도에 관심 있는 교사에게 좋은 지침이 되기를 바란다.

2장에서는 청소년이 읽을 만한 과학책 열일곱 권을 본격적으로 소개한다. 책의 내용을 간략하게 제시하고 그 책으로 할 수 있는 독서 활동을 마지막에 덧붙였다. 각 장의 제목은 질문 형식으로 되어 있어 관심이 가는 주제를 찾는 데 도움이 된다. 또한 각 장을 시작하기에 앞서 해시태그로 주요 키워드를 제시해 책의 내용을 미리 쉽게 파악할 수 있다. 재미있는 과학책을 고르고 싶은 사람, 과학책 읽기를 어떻게 지도해야 할지 고민하는 사람 모두에게 도움이 되는 서평이다.

이 책에 소개할 과학책을 고르는 데는 많은 노력이 들어갔다. 4명의 저자 중에서 적어도 3명 이상이 같은 책을 읽고 청소년이 읽기에 적절한지 함께 판단했다. 그리고 다양한 주제를 선정해 여러 분야의 과학책을 만날 수 있게 구성했다.

또한 읽기 능력이 부족하거나 과학책에 익숙하지 않은 독자를 배려해 책의 난이도를 제시했다. 별 1개*부터 별 5개*****까지 구분해 읽기 쉬운 순서로 제시했다. 난이도가 같은 책이라면 외서보다는 우리나라 저자가 쓴 책을 먼저 제시했다. 국내의 좋은 과학책이 널리 알려지기 바라는 마음에서다.

부록에도 유용한 자료가 있다. 학부모나 교사가 실제로 아이들과 과학책을 읽을 때 고민할 만한 부분에 질의응답 형식으로 조언했다. 이 책의 1장을 읽고 나서 부록을 참고하면 읽기 지도에 대한 감각을 더욱 구체적으로 익힐 수 있다. 더불어 지난 몇 년간 책따세에서 추천한 과학책 목록도 제시했다. 읽고 싶은 과학책을 고를 때 도움을 되기를 바란다.

이 책이 출간되기까지 도움을 준 사람이 많다. 매년 추천 도서 목록을 함께 만드는 책따세 선생님들께 감사의 말을 전한다. 도서 목록을 만들고 널리 알리는 작업을 했기에 과학책을 고르는 눈을 키울 수 있었다. 특히 이 책의 초고를 살펴보고 조언을 아끼지 않은 숭문고 허병두 선생님에게 고마움을 전하고 싶다.

많은 사람이 과학책을 읽기를 바라는 마음으로 이 책을 썼다. 평소에 과학책을 즐겨 읽지 않았던 사람도 이 책을 계기로 마음에 작은 변화가 생겼으면 좋겠다. 특히 과학책을 좋아하지 않는 교사가 과학책에 과감하게 도전하기를 바란다. 소설책만큼 과학책을 즐겨 읽는 사람이 많아지는 날이 오기를 기대해 본다.

차례

들어가며 과학책의 매력에 흠뻑 빠지다 ·········· 4

1장 과학책 읽기, 어렵지 않아

과학책을 왜, 어떻게 읽을까? ·········· 17

과학책을 읽지 않는 세 가지 이유 | 과학책을 읽어야 할 네 가지 이유

과학책을 즐기는 세 가지 방법 ·········· 25

1단계: 머리말과 차례로 주제 파악하기 | 2단계: 정리하기, 질문하기, 적용하기 |
3단계: 함께 읽기, 엮어 읽기, 책을 쓰기 위한 독서

2장 소설만큼 재미있는 과학책 읽기

로봇에 대한 동경과 갈망을 심어 주고 싶다면? ·········· 37
《나는 멋진 로봇친구가 좋다》☆

일상생활에서 쉽게 만나는 로봇 | 인간의 상상력, 로봇으로 실현되다 | 로봇은
인류를 구원할까, 파멸할까? | 로봇에 대한 동경과 갈망을 심어 주다

호기심과 열정이 가득한 과학자와 만나고 싶다면? ·········· 47
《세상을 살린 10명의 용기 있는 과학자들》☆

과학자, 그들은 누구인가? | 우리가 미처 몰랐던 과학자, 그들의 위대한 연구 |
누구나 읽을 수 있는 과학 이야기 | 용기 있는 과학자들에 대한 감사

새를 관찰하는 과학자와 만나고 싶다면? ⟶ 59
《동고비와 함께한 80일》 ★★

80일, 그 짧지 않은 시간 │ 이 세상 모든 생명은 소중하다 │ 관찰! 과학자의 숙명 같은 일상 │ 세상을 향해 날다 │ 아이들 눈에 비친 동고비 가족

평범한 하루를 특별한 여행으로 바꾸고 싶다면? ⟶ 69
《시크릿 하우스》 ★★

집에서 이루어지는 아주 특별한 과학 여행 │ 보이지 않는 세계를 보여 드립니다 │ 다시 한번 생각해 보는 생활용품 │ 과거와 현재의 과학적 대화 │ 나와 우주는 연결되어 있다는 놀라운 사실 │ 이 책의 진짜 비밀, 질문

밤하늘에 떠 있는 별과 우주에 대해 알고 싶다면? ⟶ 81
《할아버지가 들려주는 우주이야기》 ★★

밤하늘을 바라보다 │ 세상의 시작! 존재 그리고 관계 │ 과거와 현재의 만남 │ 가장 설득력 있는 가설

지구상에 가장 많은 생명체, 곤충이 하는 일이 궁금하다면? ⟶ 91
《곤충의 밥상》 ★★★

곤충은 무엇을 먹고 살까? │ 지구의 주인, 곤충 │ 자연을 이해하는 가장 좋은 방법 │ 진심이 느껴지는 관찰 │ 배우는 줄 모르고 배우는 것이 가장 좋은 교육

잘나가는 과학기술에 딴지를 걸고 싶다면? ⟶ 101
《과학, 일시정지》 ★★★

과학기술로 무엇을 얻고 무엇을 잃었을까? │ 과학이라는 판도라의 상자 │ 과학은 더 이상 과학자의 전유물이 아니다 │ 차례를 보고 관심 있는 내용만 읽어도 된다 │ 호기심을 자극하는 친숙한 구성 │ 잠깐 멈춰 주위를 둘러보자

선조들의 과학을 올바르게 이해하고 싶다면? ·················· 113
《우리 과학의 수수께끼》 ★★★

선조들의 과학기술과 만나는 시간 | 가이드와 함께 떠나지만 자유 여행도 가능한 책 | 우리 과학에 대한 지식을 제대로 알기 | 학자와 장인의 노력 엿보기 | 어렵지만 꼭 알아야 할 과거의 과학 발자취

복잡한 일상을 과학으로 명쾌하게 풀고 싶다면? ·················· 125
《정재승의 과학 콘서트》 ★★★

복잡한 문제의 해법 찾기 | 재기발랄한 소제목의 향연 | 고정관념을 깨다 | 세상을 사는 지혜를 배운다 | 복잡한 일상을 해석하는 여행은 아직도 진행 중

종이가 친환경적이라고 생각한다면? ·················· 137
《종이로 사라지는 숲 이야기》 ★★★

현실에도 만연한 원시림 파괴 | 종이 사용의 심각성 | 종이는 친환경일까? | 인간만이 자연을 파괴한다 | 종이 사용에 대한 경각심이 필요하다

가슴을 뛰게 하는 마법 같은 현실과 만나고 싶다면? ·················· 149
《현실, 그 가슴 뛰는 마법》 ★★★

과학책과 어울리지 않는 제목? | 좋은 질문은 생각을 이끈다 | 최초의 인간은 누구였을까? | 이해와 작품성이라는 두 마리 토끼를 잡다 | 다시 가고 싶은 여행지 같은 머리말 | 발견과 발명을 가능하게 하는 힘, 관찰

세상을 해석하는 간결한 이론, 진화론을 알고 싶다면? ·················· 161
《다윈 지능》 ★★★★

세상을 뒤흔든 이론과 만나다 | 세상을 해석하는 간결한 이론 | 여러 학문을 넘나들다 | 비움의 미학

유전자보다 중요한 것이 무엇인지 궁금하다면? ·········· 171
《당신의 주인은 DNA가 아니다》 ★★★★

마음이 유전자를 조작한다고? | 유전자보다 더 중요한 요인 | 후성유전학에서 '협력'을 중요시하는 이유 | 아플 때 약을 먹는 것만이 유일한 방법은 아니다 | 운명이 미리 정해진 사회가 올까?

인생을 수학의 눈으로 바라보고 싶다면? ·········· 181
《인생은, 오묘한 수학 방정식》 ★★★★

오묘한 여행을 떠나기 전에 | 삶을 연산으로 표현할 수 있을까? | 인간관계를 함수로 표현해 본다면 | 수학으로 힐링하기 | 독자가 쓰는 2탄을 기대하며

현대 과학기술을 사회적인 관점으로 해석해 본다면? ·········· 193
《멋진 신세계와 판도라의 상자》 ★★★★★

과학기술과 세상의 소통 | 세계관이 변화한 역사 | 과학혁명, 세상을 혁신하다 | 멋진 신세계 속 우리 | 나도 모르게 일상을 파고든 과학기술 | 멋진 신세계에서 현명하게 살아가기

수학자의 열정적인 연구 과정을 살펴보고 싶다면? ·········· 205
《100년의 난제 푸앵카레 추측은 어떻게 풀렸을까?》 ★★★★★

수학에 더 가까이 다가가기 | 질문 던지기 | 푸앵카레 추측 둘러보기 | 푸앵카레 추측이 몰고 온 새로운 수학 | 푸앵카레 추측은 어떻게 풀렸나? | 아직 남은 이야기

뇌과학이 무엇인지 감을 잡고 싶다면? ·········· 219
《더 브레인》 ★★★★★

친절한 뇌과학 입문서 | 10대의 뇌 이해하기 | 무의식적 뇌의 활동 | 견제 받지 않은 뇌의 위험함 | 타인과 함께하는 나

부록   1. 나의 첫 과학책 고르기! 교사에게 묻는다 ·········· 231
       2. 책따세 추천 과학책 목록

1

질문하며 읽기

- 책 제목의 뜻을 추리하기
- 소제목을 보며 내용 예측하기
- 평서문을 의문문으로 바꿔 보기
- KWL 읽기 전략 활용하기
- 미래 과학기술을 자유롭게 상상하기

2

관찰하고 조사하기

- 저자가 쓴 칼럼 찾아보기
- 과학자의 업적 탐구하기
- 과학자의 인터뷰 찾아보기
- 과학과 밀접한 학문 조사하기
- 우주를 찍은 동영상 시청하기
- 첨단 과학기술에 대한 뉴스 찾아보기
- 과학 학회의 홈페이지에 방문해 보기
- 식물과 동물을 관찰하고 기록하기

3

글쓰기

'만약에' 글짓기

롤링 페이퍼 만들기

책 제목을 새로 지어 보기

책을 읽고 나만의 그래프 그려 보기

삶을 수학 개념에 비유해 글쓰기

4

토의·토론하기

과학 윤리를 주제로 찬반 토론하기

브레인스토밍으로 생각 나누기

'번개 발표' 해보기

가장 흥미로운 장을 소개하고 투표하기

책의 그림만 보면서 느낌 나누기

1장

과학책 읽기,
어렵지 않아

과학책을 왜,
어떻게 읽을까?

#과학책 읽는 법 #과학책을 읽어야 할 이유

#과학책 쉽게 이해하는 법 #과학책 첫걸음

조영수 서울 창문여중 국어 교사

과학책을 읽지 않는
세 가지 이유

2017년 문화체육관광부가 발표한 국민독서실태조사에 따르면 책을 읽는 사람 중에 과학책을 선호하는 이는 무척 드물다. 어른과 청소년 모두 문학과 장르 소설을 좋아했다. 종이책 시장에서 성인이 선호하는 책 중에 과학, 기술, 컴퓨터 분야는 1.8퍼센트에 그쳤다. 문학의 선호도는 23.7퍼센트였다.

교육 현장에서 일하는 교사들도 마찬가지다. 책을 꾸준히 읽는 교사 중에 과학책을 읽는 이는 무척 드물다. 교사 독서 동아리에서 함께 읽을 책을 선정할 때 과학은 늘 우선순위에서 밀린다. 심지어 과학 교사도 과학책을 꺼릴 때가 많다. 교사가 잘 읽지 않으니 학생에게 권하기도 쉽지 않다. 그러면 학생도 과학책을 즐겨 읽지 않는다.

학생들이 과학책을 잘 읽지 않는 이유는 무엇일까?

첫 번째로 읽는 재미가 없다고 여긴다. 흥미진진한 이야기로 구성된 소설을 많이 읽는 이유는 바로 재미있기 때문이다. 이에 비해 과학

책은 지식과 정보 위주여서 이야기책에 익숙한 학생에게는 재미가 떨어진다.

그런데 흥미진진한 이야기가 담긴 과학책도 많다. 예를 들어 과학자가 위대한 발견을 한 과정을 자세히 보여 주는 책은 소설을 읽는 것 같은 재미를 준다. 이외에도 새로운 사실과 시각으로 세상을 보는 즐거움, 미지의 세계를 개척해 나가는 인간의 노력을 엿보는 즐거움 등 과학책만의 매력이 분명히 있다.

다음으로 과학책이 어렵다는 선입견에 사로잡힌 학생이 많다. 다른 분야의 책을 읽을 때보다 배경지식이 더 필요하거나 더 많은 노력을 쏟아 읽어야 한다고 생각한다. 어느 정도 타당한 지적이다. 배경지식이 있다면 과학책을 더 잘 읽을 수 있다.

하지만 사실 따져 보면 과학책을 읽을 때만 배경지식이 필요한 것은 아니다. 어느 분야의 책이든 이미 알고 있는 지식이 많다면 쉽게 읽을 수 있다. 그리고 자신의 읽기 능력에 꼭 맞는 과학책을 선택한다면 배경지식이 없어도 괜찮다. 혹시 과학책에 흥미를 붙이지 못했다면 그동안 자신의 수준을 뛰어넘는 책부터 읽지 않았는지 점검해 볼 필요가 있다.

마지막으로 과학책을 읽는 방법을 몰라서 섣불리 잡지 못한다. 과학책을 읽고 싶은데도 펼치지 못하는 것은 제대로 읽어 본 경험이 없으므로 어떻게 읽어야 할지 막막해서다.

독서 능력에는 다양한 단계가 있다. 겉으로 드러나는 글의 내용을 이해할 수 있는 기본적인 읽기 단계, 책의 내용을 깊게 이해하고 저자의 의도를 파악할 수 있는 분석적인 읽기 단계, 일정한 주제에 대해 여러 가지 책을 통합적으로 읽을 수 있는 단계까지 다양한 수준의 독서 능력이 있다. 과학책을 읽을 때도 마찬가지다.

과학책을 읽어야 할 네 가지 이유

밥을 먹을 때 여러 반찬을 골고루 챙겨 먹어야 몸에 필요한 영양소를 섭취할 수 있듯, 책을 읽을 때도 다양한 분야의 책을 읽어야 한다. 그런데 책을 곧잘 읽는 학생들도 독서 편식을 한다. 주로 문학 분야의 책을 읽으며 과학책은 어렵고 친근하지 않다는 이유로 멀리한다. 그래도 과학책을 읽어야 하는 이유는 분명히 있다. 이 책에서 앞으로 자세히 소개할 과학책들을 예로 들어 보겠다.

첫째, 과학책은 일상생활과 밀접한 관련을 맺는다. 과학책을 읽으면 무심코 지나쳤던 주변의 다양한 현상을 이해하게 된다. 수업 시간에 배운 과학 개념을 현실과 연결하고 이를 어떻게 이용하고 표현해야 하는지 배울 수 있다. 나아가 세상을 보는 눈도 달라진다. 과학 지식과 개념을 일상에 적용하면 삶을 바라보는 시각이 더욱 풍성해진다. 예를 들어《정재승의 과학 콘서트》는 우리가 평소 일상에서 한 번

쯤은 궁금했던 것을 과학 개념이나 법칙으로 설명해 준다.《시크릿 하우스》라는 책은 눈에 보이지 않지만 집 안 곳곳에서 일어나는 과학 현상을 소개해 준다.《인생은 오묘한 수학 방정식》은 수학 공식을 이용해 삶을 새롭게 해석한다. 이렇게 과학책을 읽으면 과학적인 시각으로 일상을 바라보는 재미를 느낄 수 있다.

둘째, 객관적인 자료로 합리적인 판단을 하는 과학적 사고 능력을 키울 수 있다. 과학 원리는 과학자의 주관적인 생각을 토대로 만들어지는 것이 아니다. 모두가 인정하는 객관적인 자료를 합리적이고 논리적인 사고로 일반화한 결과다.《현실, 그 가슴 뛰는 마법》,《다윈 지능》은 다윈의 진화론을 다양한 시례로 소개한다. 이런 과성을 살펴보면 학생들은 과학적으로 생각하는 방법을 구체적으로 배울 수 있다. 객관적이고 논리적으로 사고하는 힘은 다른 교과 공부를 하거나 문제를 해결할 때도 도움이 된다.

셋째, 과학책을 읽으면서 과학자의 활동을 간접적으로 체험할 수 있다. 과학책은 증명을 통해 결론을 찾아가는 탐구 과정을 잘 담고 있다. 여기서 과학자들이 겪는 좌절과 고통, 그리고 그들만의 열정을 엿볼 수 있다. 과학자가 하는 실험이나 탐구가 항상 성공적으로 이루어지지는 않는다. 가설을 세우고 입증하는 과정에서 수많은 실패를 반복한다. 이렇게 끊임없는 도전을 통해 우리가 알고 있는 업적이 완성되는 것이다. 만약에 과학자들이 한 번의 실패에 탐구를 포기하거나 도전을 두려워했다면 지금처럼 과학이 발전하지 않았을 것이다. 《세상을 살린 10명의 용기 있는 과학자들》에는 위험을 감수하고 자신의 몸을 실험 도구로 사용한 과학자의 이야기가 나온다. 이런 희생 덕분에 우리는 많은 혜택을 누리고 있다.

과학책을 읽으면 과학자의 삶의 태도도 배울 수 있다. 과학자는 자신의 실수가 드러나거나 어떤 현상을 그릇되게 판단할 경우 그 사실을 인정한다. 그리고 다시 다른 방향으로 연구를 지속해 나간다. 이렇게 잘못을 인정하는 과정을 보면서 과학자의 겸손함을 느낄 수 있다. 이것은 과학자가 아닌 사람에게도 바람직한 삶의 태도다.

넷째, 과학책은 교과서의 한계를 뛰어넘어 과학에 대한 흥미와 이해를 높인다. 학생들이 과학을 공부할 때 가장 영향력 있는 책은 교과서다. 하지만 교과서는 다룰 수 있는 내용에 한계가 있다. 국가에서 정한 교육 과정에서 벗어나지 않아야 하기 때문이다. 또한 한정된 수업 시간에 많은 내용을 교육하기 위해 지식과 정보를 압축적으로 제시한다. 그러다 보니 과학 원리나 개념들이 어려운 용어 중심으로 구성된다. 그러면 학생들에게 재미없는 책이 되기 마련이다.

과학책은 교과서의 한계를 극복하고 보완해 줄 수 있다. 우선 주제에 대한 제약이 없다. 그리고 내용과 전달 방법이 교과서보다 자유롭다. 독자의 흥미와 호기심을 고려해 어려운 내용을 쉽고 재미있게 풀어서 설명하거나 다양한 예시 자료를 보여 준다. 예를 들어 《나는 멋진 로봇친구가 좋다》는 로봇에 대해 아주 상세하게 설명한 책이다. 이 책은 여러 가지 사진 자료를 활용해 로봇 공학의 현황을 이해하기 쉽게 설명한다. 학교에서 로봇에 대해 공부할 때 이 책을 함께 읽는다면 로봇을 훨씬 잘 이해할 수 있다.

이처럼 과학책은 과학 교과 공부에 큰 도움을 준다. 학생들은 과학책을 읽으면서 과학 분야에 흥미를 가질 수 있고, 과학 지식에 대한 이해도 높일 수 있다. 더 나아가 과학책은 다른 학문과 연결하는 통로를 마련해 준다. 최근에는 여러 학문을 넘나드는 융합적인 학문이 많이 만들어지고 있다. 이런 내용이 담긴 과학책을 읽으면 과학 분야가 다양한 영역과 교류할 수 있다는 점을 깨달을 수 있다.《과학, 일시정지》와《멋진 신세계와 판도라의 상자》를 살펴보면 과학과 사회가 매우 밀접하게 연결되어 있다는 사실을 새삼 확인할 수 있다.

과학책을 즐기는
세 가지 방법

#단계별로 읽기 #차례 파악하기 #과학책 함께 읽기

#과학책으로 토론하기 #질문하기

조영수 서울 창문여중 국어 교사

1단계: 머리말과 차례로
주제 파악하기

　　　　보통 학생들은 책을 처음부터 끝까지 순서
대로 읽는다. 물론 책의 순서는 저자가 말하고자 하는 것이 가장 잘
표현되도록 구성한 것이다. 차례는 '어떻게 하면 독자가 책의 내용을
잘 이해할 수 있을까?', '책의 가독성을 높일 수 있을까?' 등의 고민 끝
에 만들어진다. 그래서 차례대로 읽는 것이 가장 좋다. 그러나 모든 책
을 순서대로 읽거나 모든 내용을 읽어야 하는 것은 아니다. 과학책도
마찬가지다. 그렇다면 과학책을 어떤 순서로 읽어야 할까?

　먼저 책의 머리말과 차례를 자세히 살펴봐야 한다. 저자는 머리말
에 책을 쓴 이유와 계기, 책을 쓴 과정, 독자에게 당부하는 말 등을 쓴
다. 특히 과학책의 머리말에는 다른 분야의 책보다 많은 정보가 담기
므로 꼼꼼하게 읽어야 한다. 머리말에서 집필 의도를 파악하는 활동
은 과학책 읽기 지도에서 가장 먼저 해야 할 일이다.

　예를 들어《우리 과학의 수수께끼》의 머리말에서 저자 신동원은 책

을 쓴 계기를 밝힌다. 저자는 거북선, 첨성대, 에밀레종, 수원화성 등의 자랑스러운 과학 유산이 왜 뛰어난지 많은 청소년이 알지 못한다는 사실을 깨달았다. 그래서 우리 과학을 깊이 이해하고 역사적 맥락을 알려 주기 위해 이 책을 썼다. 이런 집필 의도는 자연스럽게 책의 주제로 연결된다. 반면 소설은 머리말에 주제가 드러나지 않을 때가 많다. 주요 사건과 결말을 미리 제시하는 셈이기 때문이다.

머리말에서 책의 주제를 먼저 파악하면 나머지 부분을 어떻게 읽을지 결정할 수 있다. 예를 들어 주제가 어느 과학자의 특정한 이론이라고 가정하자. 그렇다면 그 이론을 뒷받침하는 근거가 나올 것이다. 학생들은 그 근거가 합당한지 의심하면서 읽어야 한다. 책의 내용을 무조건 받아들이는 것이 아니라 비판적으로 읽는 태도가 필요하다. 그리고 전체 주제에 초점을 두고 읽어야 한다. 자그마한 사실 하나하나에 매달리다 보면 글의 전체 방향을 읽지 못할 수 있다.

또한 머리말에는 자료를 조사하거나 연구한 과정이 상세히 담기기도 한다. 다양한 실험, 연구, 조사 등의 방법을 통해서 내린 결론을 쓴 것이 과학책이다. 개인적인 생각을 풀어 쓴 책은 과학책이라 할 수 없다. 그래서 책을 쓰기 위해 어떤 자료와 방법을 활용했는지 살펴봐야 한다. 그 자료가 신뢰할 만한 것인지, 출처를 밝히고 있는지 책의 뒷부분에 있는 참고자료를 확인하는 일도 필요하다.

다음으로 과학책의 차례를 살펴봐야 한다. 차례는 책의 구성을 한

눈에 보여 준다. 책의 주제를 효과적으로 드러내기 위해 책을 어떻게 구성했는지 차례를 보면 쉽게 알 수 있다. 특정한 이론이나 주장을 펼치는 책이라면 차례에서 대략적인 근거도 확인할 수 있다. 그리고 이 책을 어떤 순서로 읽어야 할지 판단할 수 있다.

예를 들어 데이비드 보더니스가 쓴 《$E=mc^2$》라는 책을 보자. 물리학자 아인슈타인이 만든 유명한 공식인 $E=mc^2$에 대한 책으로, 공식에서 쓰인 각각의 기호를 하나씩 소개하고 있다.

1부　탄생
　　베른 특허청, 1905년

2부　$E=mc^2$의 조상들
　　에너지 E
　　등호 =
　　질량 m
　　빛의 속도 c
　　제곱 ^{2}

(중략)

차례를 보면서 공식의 탄생에서부터 공식을 적용하는 과정이 이 책에 나올 것이라고 추측해 볼 수 있다. 그러므로 이 책은 순서대로 읽는 것이 좋겠다. 이제 《우리 과학의 수수께끼》의 차례를 보자.

1장　첨성대는 천문대인가

2장　무엇이 에밀레종을 울게 했나

3장　고려청자 비취색의 비밀

4장　자동시계 자격루의 모든 것
(중략)

이 책에는 우리 과학의 역사가 시간순으로 서술되지 않는다. 첨성대, 에밀레종, 고려청자 등 우리 문화재에 얽힌 과학적인 요소를 밝히는 책이다. 따라서 순서대로 다 읽을 필요가 없다. 차례를 보면서 가장 궁금하거나 이해하기 쉬운 부분을 골라서 읽을 수 있다. 또는 머리말과 차례에서 자신이 궁금한 점, 알고 싶은 내용만 보고 책을 덮어도 좋다. 그리고 나중에 궁금한 점이 생긴다면 그때 다시 책을 펼쳐도 된다. 이처럼 과학책을 읽을 때는 책 한 권을 다 읽어야 한다는 고정관념을 버려도 좋다.

2단계: 정리하기, 질문하기, 적용하기

머리말과 차례를 읽은 후에 본격적으로 본문을 읽는다. 소설을 읽는 것처럼 부담 없이 편한 자세로 훑어봐도 좋고, 꼼꼼하게 줄을 그어 가며 읽는 것도 좋다. 각자 나름대로 자신만의 독서 방법이 있을 것이다. 물론 책을 읽고 시험을 치는 게 아니라면 내용을 모두 꼼꼼하게 읽고 외울 필요는 없다. 하지만 과학적 사고 능력을 기르고 합리적 판단을 하며, 과학을 통해 세상을 보는 새로운 눈을 갖기 위해서는 단순히 글을 해독하는 것만으로 부족하다. 생각하면서 책을 읽어야 한다. 책을 읽다 보면 멍하게 눈만 글을 따라가고 있는 순간이 있을 것이다. 생각하면서 읽지 않으면 실컷 책을 읽은 뒤에도 머릿속에 남는 것이 없다. 그래서 의식적으로 생각하면서 과학책을 읽는 방법을 몇 가지 소개하고자 한다.

이야기책은 마치 포장도로를 지나듯이 쉬지 않고 읽을 수 있다. 그러나 과학책을 읽을 때는 왠지 비포장도로를 달리는 것처럼 덜컹거리기 일쑤다. 어려운 과학적 개념과 용어가 많고, 논리적으로 사고하는 과정이 들어 있기 때문이다. 따라서 책을 읽는 과정을 정리하는 것이 중요하다. 과학책을 읽으면서 원인과 결과, 정리와 증명 등 과학적으로 사고하는 과정을 책의 여백이나 연습장, 메모지 등에 그대로 적는 것이다. 이렇게 써보는 활동만으로 책의 내용을 더 수월하게 파악할 수 있다. 읽은 내용을 간단한 단어나 문장으로 요약하거나 표나 그림 등으로 정리하는 것도 좋다. 각 장의 내용을 마인드맵 형식으로 요약해 보는 것도 좋은 방법이다. 각 장의 제목이나 주제를 동그라미 안에 쓰고, 관련 근거와 예시를 가지를 치면서 정리하는 것이다. 이렇게 마인드맵으로 정리하면 책의 전체적인 내용을 파악할 때도 도움이 될 것이다.

인간과 기계의 미래에 대해 글을 쓰는 미국의 저자 케빈 켈리는 "기계는 답을 위해 존재하고 인간은 질문을 위해 존재한다."라고 말했다. 우리는 로봇 기술의 발달로 인간의 사고 능력을 능가하는 로봇이 나올지도 모른다는 두려움이 커지는 시대에 살고 있다. 이러한 시기에 케빈 켈리가 한 말은 '인간만의 경쟁력은 무엇일까?'에 대한 대답이 될 수 있을 것이다.

물론 로봇도 질문할 수 있다. 다만 정교하게 프로그래밍되어 상황에 맞는 질문만 할 수 있다. 하지만 인간은 다르다. 호기심에서 던진 질문은 때로 예측하기 어려울 때가 많다. 그리고 어떤 질문은 세상을 바꿀 위대한 발견으로까지 이어진다. 인간의 역사는 질문의 역사라고 해도 과언이 아니다.

과학은 자연에 존재하는 다양한 법칙을 찾아내기 위해 만들어진 학문이다. 인간이 자연현상에 끊임없이 질문을 던진 결과인 셈이다. 그래서 과학책을 읽을 때도 자유롭게 질문을 던지는 것이 중요하다. 책을 읽기 전에도, 읽으면서도, 다 읽은 뒤에도 질문을 던질 수 있다. 각 장을 읽기 전에 던지는 질문은 책 읽기를 포기하지 않도록 해준다. 질문을 던졌으니 그 해답을 책에서 찾아야 하기 때문이다. 책을 읽는 중에 던지는 질문은 내용을 더욱 깊이 이해하는 데 도움을 준다. 또한 책을 읽은 뒤에 하는 질문은 책의 내용을 정리하고 생각을 정리하도록 도와준다. 나아가 내가 읽은 책에서 더 알고 싶은 점을 발견해서 다른 책을 읽을 수 있는 계기를 마련해 줄 수 있다.

EBS에서 2017년에 4부작으로 방영한 〈책대로 한다〉라는 프로그램이 있다. 연예인들이 책을 한 권 정해서 읽고 그 책의 내용대로 실천해 보는 프로그램이다. 어느 연예인은 동양철학의 기본 개념으로 지나치거나 모자람 없이 한쪽으로 치우치지 않는 태도를 일컫는 '중용'에 대한 책을 읽었다. 그다음 자신의 삶에서 중용에 해당하는 상황이나 사례를 사람들 앞에서 이야기했다. 본인의 경험을 책의 내용에 대입해 깨달음을 얻기도 하고, 더 알고 싶은 내용이 생겨서 다른 책을 더 찾아보기도 했다. 마지막으로 신부님과 스님을 모시고 중용에 대해 함께 이야기를 나누기까지 했다. 이처럼 책을 읽은 다음에 책의 내용을 자신의 생활에 직접 적용해 보는 것이 중요하다. 그 과정에서 자신이 읽은 책을 다시 한번 떠올릴 수 있다는 점에서 '적용하기'는 과학책 읽기를 마무리하는 독서법으로 적절하다.

과학책을 읽고 무엇을 어떻게 적용할 수 있을까? 아주 쉬운 예로 새롭게 알게 된 과학적 사실을 직접 실험하거나 확인하는 것이다. 《나는 멋진 로봇친구가 좋다》를 읽은 뒤에 로봇에 대한 최근의 신문 기사를 찾아볼 수 있다. 《우리 과학의 수수께끼》를 읽었다면 실제로 문화재를 찾아가는 활동도 좋다.

이외에도 과학자의 탐구 과정처럼 특정한 문제를 논리적이고 합리적으로 생각하는 연습하기, 세상을 바꾼 과학자처럼 세상을 뒤집을 질문하기, 포기하지 않고 끊임없이 도전하는 과학자의 태도를 생각해 보기 등도 의미 있는 과학책 읽기 활동이다.

3단계: 함께 읽기, 엮어 읽기, 책을 쓰기 위한 독서

학생들과의 독서 토론 수업에서는 학생의 독서 수준보다 조금 높은 책을 고르는 것이 좋다. 혼자 읽을 때보다 여럿이 책을 읽을 때 수준 높은 독서가 가능하기 때문이다. 특히 책에 어려운 내용이 있을 때 함께 읽기가 매우 중요하다. 서로 질문을 하면서 어려운 내용도 더 쉽게 이해할 수 있다. 특히 과학 용어나 어려운 개념을 해석할 때 함께 읽기가 유용하다.

한 권의 과학책을 읽는 것에 익숙하다면 한 주제로 여러 책을 엮어서 읽는 방법을 권한다. 이제부터 이전보다 높은 단계의 독서가 시작된다. 자신이 관심 있는 주제를 하나 정해서 그 주제와 관련된 도서를 찾아 읽는다. 그런 다음에 각 책의 내용을 서로 관련지어서 해석하는 것이다. 예를 들어 '곤충'이라는 주제를 잡았다면 《파브르 곤충기》 시리즈 같은 고전에서부터 《곤충의 밥상》 같은 과학 교양서까지 읽는 것이다. 그런 다음에 각 책의 내용을 요약하고, 서로 연관된 내용을 정리할 수 있다.

이렇게 엮어 읽기가 가능해지면 책을 쓰기 위한 독서도 할 수 있다. 책따세에서는 책쓰기 교육을 해왔다. 학생 스스로 주제를 선정하고, 그 주제에 맞는 책이나 자료를 찾아 읽으면서 짧은 분량의 책을 쓰게 한다. 학생들은 이렇게 쓴 책의 저작권을 기부해서 많은 사람들이 자신의 책을 부담 없이 사용하도록 한다. 책을 쓰는 교육을 하면서 자연스럽게 독서 지도에서부터 봉사활동까지 이루어지는 셈이다.

학생들에게 과학이라는 큰 범위 안에서 자유롭게 주제를 정하라고 한다. 그러면 학생들은 자연스럽게 과학책을 찾아 읽으면서 주제를 정할 것이다. 특히 여러 과학책의 제목, 구성, 머리말, 차례 등도 유심히 볼 것이다. 책쓰기 교육을 잘 활용하면서 효과적으로 과학책 읽기 지도를 할 수 있다. 책쓰기 교육에 대해 자세히 알고 싶다면 책따세 교사들이 쓴《책따세와 함께하는 책쓰기 교육》을 참고하기 바란다.

2장

소설만큼
재미있는
과학책 읽기

로봇에 대한
동경과 갈망을
심어 주고 싶다면?

난이도
★

나는 멋진 로봇친구가 좋다

이인식 지음 | 고즈윈

#로봇 #인공지능 #과학저술가 1호 #인간의 상상력

#로봇과 인간 #인간의 능력을 넘어서는 #인류의 구원

#인류의 파멸 #미래 사회

조영수 서울 창문여중 국어 교사

일상생활에서
쉽게 만나는 로봇

'로봇' 하면 무엇이 떠오르는가? 우선 어린 시절에 갖고 놀던 변신 로봇 장난감을 떠올릴 수 있다. 그리고 로봇이 악당을 물리치고 지구를 구하는 만화영화의 한 장면도 떠오른다. 미래 세계가 배경인 영화에서는 로봇이 인간을 공격하는 존재로 나올 때가 많다. 인간의 에너지를 흡수하는 기계 세상을 그린 〈매트릭스〉, 인간을 살해하는 기계가 등장하는 〈터미네이터〉, 인공지능 컴퓨터가 로봇을 조종해 인간을 지배하려는 내용을 담은 〈아이, 로봇〉 등등.

이제 현실에서도 쉽게 로봇을 만날 수 있다. 사람이 없을 때도 알아서 척척 청소하는 로봇이 있다. 프로야구 시합의 시구식에서 대통령에게 공을 전달해 주는 로봇도 있다. 어떤 이들은 로봇 강아지를 키우기도 한다. 로봇은 이처럼 우리 생활과 밀접한 관련이 있다. 그래서 우리는 자연스럽게 로봇에 관심을 갖게 된다.

현재 로봇공학의 발전 양상을 한 권의 책으로 살펴본다면 어떨까?

로봇공학을 독자에게 알기 쉽게 설명한 책이 바로《나는 멋진 로봇친구가 좋다》다. 로봇에 대해 현재까지 진행된 다양한 논의를 쉽게 풀어써서 로봇 분야에 관심이 있는 학생이 다양한 정보를 얻기에 안성맞춤인 책이다. 친근한 글쓰기로 우리나라 1호 과학 저술가라 일컬어지는 저자 이인식은 로봇을 잘 알지 못하는 학생도 쉽게 이해할 수 있게 로봇에 대해 설명하고 있다.

인간의 상상력, 로봇으로 실현되다

이 책을 읽으면 다양한 로봇과 만날 수 있다. 이것만으로 유익한 정보이지만 상상력까지 자극한다. 실제로 과거에 인간이 상상했던 것이 로봇으로 실현된 경우가 많다.

몇 가지 예를 들어 보자. 현대사회에서는 크고 작은 사고가 발생하고 있다. 의사, 소방관, 경찰관, 군인 등 많은 사람이 생명을 구하고 사고 현장을 수습하기 위해서 노력하고 있다. 그런데 원자력 발전소 사고처럼 사람이 쉽게 접근할 수 없는 곳도 있다. 이럴 때 인간을 대신해 작업을 할 수 있는 로봇이 있다면, 그리고 멀리서도 로봇을 조종할 수 있다면 안전하게 사고 현장을 수습할 수 있지 않을까?

이런 인간의 상상력이 실현되어 멀리서도 조종이 가능한 로봇이 개발되었다. 이 책에는 인간이 접근하기 힘든 곳에서 자유롭게 움직이는 로봇이 나온다. 앞으로 방사능 오염 지역뿐만 아니라 인간이 접근하기 어려운 심해나 우주 공간까지 로봇의 활동 무대는 점점 넓어질 것이다.

인간의 도움 없이 스스로 에너지를 충전하는 로봇도 개발되었다. 이런 로봇은 오랜 시간 작업을 진행할 수 있다. 2000년 미국에서 인간이 먹는 음식을 소화해 스스로 동력을 만드는 로봇인 가스트로놈 Gastronome 을 개발했다. '가스트로놈'은 미식가를 뜻하는 영어 단어다. 어쩌면 인간과 함께 밥을 먹는 로봇을 가까운 시일 내에 만날 수 있을지 모른다. 로봇이 식당에서 음식을 주문하는 신기한 장면도 목격할 날이 얼마 남지 않았다.

자신을 창조한 인간의 능력을 뛰어넘는 로봇이 등장할 가능성은 점점 더 높아지고 있다. 우리는 2016년에 인간과 기계의 세기의 대결을 목격했다. 바로 인공지능 '알파고'와 인간 바둑 고수 '이세돌'의 대결이었다. 이 대결에서 인공지능 알파고가 압도적으로 승리했다. 이 경기 결과로 인간보다 훨씬 복잡한 사고를 할 수 있는 인공지능이나 로봇을 개발할 수 있다는 것이 증명되었다. 앞으로 인공지능이나 로봇이 인간의 일을 대신할 수 있는 세상이 올지도 모른다.

과학자의 상상력은 눈에 보이는 영역에만 그치지 않는다. 사람의 몸 안에 들어가서 질병을 치료하는 마이크로 로봇이 개발 중이라고 한다. 이 로봇은 사람의 혈관 속을 헤엄치면서 불순물을 제거할 수 있을 것이다. 그러면 혈관이나 심장 질환을 치료하는 데에 큰 도움을 줄 수 있다.

눈에 보이지 않을 만큼 작은 로봇은 질병 치료 이외에도 다양한 용도로 활용할 수 있다. 작은 먼지 같은 로봇이 하늘을 떠다니면서 주변 환경을 감지하고, 서로 무선으로 연결해서 정보를 수집할 수 있다. 이런 로봇을 건물에 뿌려 두면 지진으로 인한 진동의 정도를 측정해 자연재해로 인한 피해를 줄일 수 있다. 옷에 이 로봇을 뿌려 주면 실내 온도를 자동으로 측정하여 냉난방 장치로 신호를 보낼 수도 있다.

이 책을 읽으면 지금까지 소개한 로봇 외에도 더 많은 로봇과 만날 수 있다. 학생들은 책 속의 다양한 로봇을 살펴보면서 인간의 상상력에 놀랄 것이다. 그리고 상상을 현실로 만드는 인간의 힘에도 한 번 더 놀랄 것이다. 그런 놀라움을 선사한다는 자체만으로 학생들에게 이 책을 권할 만하다.

로봇은 인류를 구원할까, 파멸할까?

과학기술은 우리 인류의 삶을 윤택하게 만들기도 하지만 인류를 위협하기도 한다. 1945년 일본 히로시마에 떨어진 원자폭탄처럼 과학기술을 활용해 살상용 군사 무기를 만드는 것이 대표적인 예다. 앞서 말한 작은 먼지 로봇은 다양한 군사정보를 입수하는 용도로 사용할 수 있다. 특히 사람의 몸속에 침투해 살인하는 용도로 사용될 수도 있다고 생각하면 정말 끔찍하다.

실제로 로봇은 전쟁에 사용되고 있다. 온갖 무기가 자동화되면서 사람 없이 싸우는 전쟁이 현실화되고 있다. 사람은 사라지고 감정이 없는 무자비한 로봇이 서로를 파괴하는 전쟁이 일어날지도 모른다.

우리가 잘 알고 있듯이 과학기술은 양날의 칼이다. 과학기술은 그것을 활용하는 사람이 어떤 마음을 갖느냐에 따라 인류를 구원하는 약이 될 수 있고, 인류를 파멸하는 독이 될 수 있다. 로봇도 마찬가지다. 일례로 걸프 전쟁에서 미국 육군 방공부대의 미사일인 '패트리어트'를 통제하는 컴퓨터에 문제가 생겨 병사들이 떼죽음을 당한 적이 있었다. 사람의 목숨이 컴퓨터에 달린 것이다.

인권을 탄압하고, 평화를 파괴하는 데에만 활용된다면 그것은 좋은 과학기술이 아닐 것이다. 따라서 우리가 과학기술을 개발할 때 또는 개발된 과학기술에 대해 평가할 때 인류에게 해가 될 만한 기술인지 판단할 수 있어야 한다.

이 책은 학생들에게 로봇을 개발할 때 무엇을 염두에 두어야 하는지 고민하는 계기를 마련해 준다.

로봇에 대한 동경과
갈망을 심어 주다

이 책은 학생들이 자연스럽게 로봇의 세계를 여행할 수 있도록 도와준다. 저자의 친절하고 자세한 설명 덕분에 로봇에 대한 다양한 정보를 얻을 수 있다. 우리가 상상하기 어려울 만큼 로봇은 발전하고 있다. 또한 인류를 위협하는 로봇이 등장하지 않도록 노력해야 한다는 점도 확인할 수 있다.

실제로 이 책을 읽은 중학교 2학년 학생들은 매우 좋은 반응을 보였다. 쉽게 읽을 수 있으면서도 유익한 정보를 얻을 수 있다는 점에서 높은 점수를 주었다. 재미와 정보라는 두 마리 토끼를 다 잡은 셈이다. 과학책을 이제 막 읽기 시작한 학생에게 좋은 입문서 역할을 해준다.

🔍 더 읽을거리

《이인식의 멋진과학》1, 2 이인식 지음 | 고즈윈

난이도: ★★

저자가 일간지에 연재한 과학 칼럼을 묶은 책이다. 최신 과학 정보를 간결하게 소개하면서 과학이 우리와 멀리 떨어져 있지 않다고 강조한다. 이 책을 읽으면 과학이 우리 삶에 꼭 필요한 학문이라는 것을 깨닫게 된다. 칼럼을 묶은 책이므로 관심 있는 주제만 찾아 읽기에 좋다. 또한 생각을 간단명료하게 표현하는 저자의 글솜씨도 빛난다. 과학 상식을 늘리고, 글 쓰는 능력을 키우고 싶다면 이 책을 읽어 보기를 권한다.

생각을 키우는 독서 활동

저자가 쓴 칼럼을 함께 읽어 보기

《나는 멋진 로봇친구가 좋다》를 읽기 전에 저자가 쓴 칼럼을 읽어 보는 활동을 진행할 수 있다. 책 한 권을 끝까지 다 읽기에 부담스러운 학생은 짧은 칼럼을 읽으면서 글을 읽는 연습을 할 수 있다. 인터넷에서 저자 이인식의 이름을 검색하면 저자가 쓴 글을 쉽게 찾을 수 있다.

저자가 쓴 칼럼은 과학 지식과 정보를 정확하게 전달하는 글이 많아 과학책 읽기에 부담이 큰 학생에게 먼저 권할 수 있다. 과학책 읽기라는 본격적인 운동에 들어가기에 앞서 몸풀기 운동을 하는 셈이다.

칼럼을 분석하면서 논리적으로 사고하는 능력도 키울 수 있다. 각 문단의 내용을 요약하면서 전체 구성을 살펴보면 군더더기 없는 글이란 어떤 것인지 이해할 수 있다. 특히 설명문이나 논설문을 읽고 쓰는 연습이 필요한 학생이라면 저자가 쓴 칼럼을 꼼꼼하게 읽는 것을 추천한다.

내가 상상하는 로봇 떠올려 보기

이 책의 저자는 로봇이 인간의 상상력이 실현된 결과물이라고 말하고 있다. 책을 읽기 전에 로봇을 자유롭게 상상해 보는 활동을 할 수 있다. 자신에게 꼭 필요한 로봇, 우리 사회에서 있으면 좋은 로봇 등을 상상해 본다. 예를 들어 맛있는 음식을 만드는 요리사 로봇, 숙제를 대신해줄 수 있는 과제 로봇, 심심할 때 나와 놀아 줄 수 있는 놀이 로봇 등이 있다. 이렇게 학생들이 상상한 로봇이 책에도 나와 있는지 비교해 보는 독서 활동을 진행할 수 있다. 책을 읽은 후에 책에서 소개하지 않은 로봇을 상상해 보는 활동도 좋다.

로봇에 대한 최근 신문 기사나 영상을 찾아보기

이 책은 2009년에 출간된 책이다. 따라서 최근에 개발된 로봇에 대한 정보는 많지 않다. 이런 정보를 얻기 위해서 최신 신문 기사나 영상을 찾아보는 활동을 할 수 있다. 과학기술이 빠르게 발전함에 따라 책에는 소개되지 않은 로봇이 많이 개발되었다. 예를 들면 무인 자동차가 개발되어 시범 운전에 성공했다는 신문 기사, 인간과 자유롭게 대화하는 인공지능 로봇의 영상을 찾을 수 있다. 이처럼 책을 읽고 나서 최근의 로봇 연구 동향을 살펴볼 수 있다.

호기심과 열정이 가득한 과학자와 만나고 싶다면?

세상을 살린 10명의 용기 있는 과학자들

레슬리 덴디 외 지음, C. B. 모단 그림,

최창숙 옮김 | 다른

난이도
★

#과학자 #호기심 #용기 있는 과학자 #괴짜 과학자들

#열정 #내 몸에 실험을? #마취제가 없다면?

#끊이지 않는 궁금증

유연정 경기 안양초 교사

과학자,
그들은 누구인가?

과학이란 무엇일까? 그리고 과학자는 무엇을 위해서 일하는 것일까? 끊임없이 실험하고 관찰하며 연구에 몰두하는 과학자의 삶은 실제 어떠한지 궁금하지 않을 수 없다. 발견의 즐거움을 위해 자신의 희생도 마다하지 않고 연구에 몰두한 과학자들에 대한 이야기가 궁금한 학생에게 《세상을 살린 10명의 용기 있는 과학자들》을 권한다.

이 책에는 '과학적 호기심과 열정으로 자기 몸을 실험한 용기 있는' 과학자 10명의 이야기가 실려 있다. 자신을 대상으로 소화 실험을 진행하고 그 비밀을 풀어낸 생리학자, 라듐과 평생을 함께한 화학자 부부, 황열병의 주범을 밝혀내고 사망한 의사, 스스로에게 병균을 주입하고 그 치료법을 개발해 낸 의학도, 열이 몸에 미치는 영향을 알아보기 위해 127℃의 방에 직접 들어간 내과 의사, 웃음가스라고 불린 이산화질소에 마취 효과가 있음을 알아냈지만 정작 본인은 이산화질소중독으로 정신 질환에 시달렸던 치과 의사, 레일 위를 시속 1000킬로미터로 달리는 로켓 썰매를 1초 안에 멈추는 실험에 직접 참가한 과학자 등 감히 다른 사람에게 할 수 없는 실험을 자신의 몸에 직접 실험한 과학자들이 나온다. 용기 있는 실험으로 지적 호기심을 충족시킨 과학자들의 이야기를 읽다 보면 과학에 대한 그들의 순수한 열정을 느낄 수 있다.

우리가 미처 몰랐던 과학자, 그들의 위대한 연구

학생들에게 자신이 알고 있는 과학자는 누구인지 질문하면 압도적으로 많이 나오는 이름이 바로 아인슈타인이다. 그 외에도 뉴턴, 장영실, 에디슨, 마리 퀴리, 스티븐 호킹 등의 이름이 주를 이루는데, 주로 예전에 읽은 위인전을 떠올리며 대답하는 편이다. 반면 미국의 치과 의사이자 최초로 흡입 마취제를 사용한 윌리엄 모턴과 호러스 웰스를 아는지 물으면 이런 대답이 돌아온다. "누구요?" "윌리엄······ 뭐라고요?"

역사적으로 수많은 과학자가 있지만 우리가 알고 있는 과학자는 그중 극히 일부다. 우리가 모르는 많은 과학자의 노력이 과학의 발전에 기여했음을 잊어서는 안 된다. 그들의 연구가 토대가 되었기에 우리를 둘러싼 자연의 비밀을 하나둘 풀어 나갈 수 있게 된 것이다. 그 유명한 물리학자 뉴턴도 자신의 발견에 토대가 된 많은 과학자들의 노고를 '거인의 어깨'라고 비유하며 잊지 않았다.

제2차 세계대전 시절 핵무기 개발 계획인 맨해튼 프로젝트를 생각해 보자. 맨해튼 프로젝트에는 로버트 오펜하이머, 리처드 파인먼, 엔리코 페르미 등 당대 유명한 물리학자들이 참여했다. 좀 더 관심이 있는 사람이라면 독일의 화학자 오토 한과 프리츠 슈트라스만, 오스트리아의 물리학자 리제 마이트너, 아인슈타인, 당시 미국의 대통령 루즈벨트 등도 떠올릴 것이다. 하지만 이 분야 종사자가 아닌 이상 관련자를 10명 이상 말하는 것도 어렵지 않을까? 그런데 실제 맨해튼 프로젝트 수행을 위해서 미국 로스앨러모스에 모인 과학자는 3,000여 명이었다. 인류가 만들어 낸 가장 강력한 무기이자 윤리적 논쟁의 정점에 있는 원자폭탄은 우리가 이름도 모르는 그 많은 과학자가 모여서 만들어 낸 것이다. 이렇듯 한 명의 독자적인 연구로는 과학적 업적을 달성하지 못한다.

《세상을 살린 10명의 용기 있는 과학자들》에는 우리에게 친숙한 퀴리 부부에 대한 이야기도 있지만, 스코틀랜드의 의사 조지 포다이스, 이탈리아의 생리학자 라차로 스팔란차니 등 대중적으로 알려지지 않은 과학자의 연구도 담겨 있다. 이들이 이루어 낸, 결코 작다고 할 수 없는 위대한 연구가 우리의 삶을 어떻게 바꾸었는지 생각해 보는 것도 의미 있을 것이다.

누구나 읽을 수 있는
과학 이야기

이 책을 서점이나 도서관에서 찾으려면 어린이 도서 코너를 찾아가야 한다. 초등학교 고학년이라면 충분히 읽을 수 있는 수준의 책이다. 2011년 여름 책따세에서는 중학교 1학년부터 읽을 수 있는 난이도의 책으로 공식 추천했다.

어렵지 않게 읽을 수 있지만 결코 수준 낮은 책은 아니다. 어느 정도의 깊이로 읽는지, 읽고 난 뒤 어떤 활동을 하는지에 따라 초등학생부터 성인에 이르기까지 다양한 독자층을 대상으로 권할 수 있다. 독자의 수준이나 연령에 얽매이지 않고 모두가 의미 있게 읽을 수 있다는 점이 이 책의 매력이다.

용기 있는
과학자들에 대한 감사

《세상을 살린 10명의 용기 있는 과학자들》 속 과학자들의 열정은 무모하고 어리석은 행동처럼 보이기도 한다. 하지만 용기로 훗날 인류에 큰 도움을 준 고마운 일이다. 이들의 열정이 없었다면 우리의 삶은 어떤 모습일까?

《미친 연구, 위대한 발견》 빌리 우드워드 외 지음, 김소정 옮김 | 푸른지식

난이도 : ★★★★

세상에 널리 알려지지는 않아서 우리에게 매우 생소하지만 인류가 살아가는 데 없어서는 안 될 큰 공헌을 이룬 10명의 과학자들을 소개하는 책이다. 그들이 어떻게 연구를 진행해 나갔으며, 갖은 실패와 무관심 속에서도 얼마나 성실히 자신의 일을 수행했는지 알려 주고 있다. 그리고 그렇게 연구에 매진할 수 있었던 동기는 인류에 대한 깊은 애정이라고 말한다.

《과학의 민중사》 클리퍼드 코너 지음, 김명진, 안성우, 최형섭 옮김 | 사이언스북스

난이도 : ★★★★

이 책은 과학자가 아닌 '보통 사람'들이 과학사에 미친 영향을 이야기한다. 선사 시대부터 거대과학의 물결의 흐름을 보이는 현재에 이르기까지 과학기술의 발전을 이끈 우리 보통 사람들의 이야기를 통해 특별한 듯 특별하지 않은 과학의 역사를 탐험하는 시간을 가져 보길 권한다.

읽고 상상하고 생각하기

《세상을 살린 10명의 용기 있는 과학자들》로 어떤 독서 활동을 할 수 있을까?

과학적 원리나 이론은 초등학생이 이해하기는 어렵기 때문에 초등학교 독서 수업에서는 다루지 않는 것이 좋다. 대신 과학자들의 연구가 어떤 의미가 있는지 생각을 나누는 활동을 할 수 있다. 물론 이 경우에도 과학 지식이 뒷받침되어야 가능하다. 그러므로 초등학생과 함께 이 문제를 생각해 볼 때는 자유로운 접근이 필요하다.

좋은 방법은 이러한 연구가 이루어지지 않았을 때 일어날 일을 상상해 보는 것이다. 예를 들어 마취제가 없으면 수술을 받는 사람은 어떠할지, 황열병을 일으키는 바이러스가 모기에 의해서 전파된다는 것을 누군가 알아내지 못했다면 어떤 일이 발생할지 등을 생각해 본다.

자유로운 상상을 하면서 학생들은 호기심과 열정 가득한 연구들로 우리의 삶이 바뀔 수 있었음을 깨닫게 된다. 그리고 자신을 희생해 가며 묵묵히 연구에 몰입한 과학자에게 고마움을 느낄 수 있을 것이다.

읽기를 넘어 탐구로 확장하기

읽기를 넘어 과학자에 대한 탐구로 활동 범위를 확장시킬 수 있다. 이 방법은 사고의 확장 및 탐구 능력을 향상시킬 수 있으므로 중·고등학생에게 적합한 활동이다.

잘 알려지지 않은 과학자, 전 세계적으로 유명한 과학자, 노벨상 수상자, 평소 관심이 있었던 연구와 관련된 과학자 등 탐구 대상은 다양하게 선택이 가능하다. 1명의 과학자를 대상으로 집중적인 탐구를 한다면 과학자의 삶을 한발 가까이에서 보고 느낄 수 있을 것이다. 더불어 과학자가 지닌 순수한 열정과 호기심의 과정을 살펴보고, 그 속에 담긴 과학 원리에 대한 심도 있는 이해도 가능하다.

예를 들어 한때 무시무시한 전염병으로 악명이 높았던 천연두를 주제로 탐구 활동을 해보자. 천연두는 온몸이 수포로 뒤덮이는 특징을 지닌 바이러스성 질병으로 특히나 얼굴, 팔, 다리 등에 수포가 많이 생긴다. 지금은 지구상에서 사라졌지만 한때는 치사율이 95퍼센트였고, 공기를 통해 다른 사람에게 바이러스를 옮기기 때문에 전염성도 매우 높았다. 이러한 천연두를 생각했을 때 제일 먼저 떠오르는 사람이 있는가? 아마도 많은 사람이 지석영 선생이라 대답할 것이다.

지석영 선생은 1879년에 천연두 퇴치를 위해 본인이 익혀 온 종두법을 두 살배기 처남에게 처음으로 실험 접종했다. 이때 사용한 종두법은 영국의 의학자 에드워드 제너가 개발한 우두 접종법이었는데, 이는 인두가 아닌 우두를 접종하여 천연두를 예방하는 방법이다.

이 실험의 성공으로 서울에 종두장이 설치되었고 점차 조선 전역에 종두법이 보급되었다. 그 결과 조선의 많은 사람들이 천연두의 공포에서 벗어날 수 있었다.

성공이 보장되지 않은 상태에서 혹여나 처남이 잘못될까 싶어 마음 졸였을 그를 생각하면, 아무리 큰 뜻을 품었다지만 가족을 상대로 실험하는 사람의 마음은 어떨지 상상조차 할 수 없다.

'만약에' 글짓기

이 책을 글짓기 활동과 연계할 수 있다. 전체적으로 읽고 자신이 원하는 부분을 선정하여 진행해도 되고, 한 장을 같이 읽고 제시된 상황에 맞는 글짓기를 해도 된다.

다음은 초등학교 4학년 학생을 대상으로 활동을 한 결과다. 3장 '웃음가스에 얽힌 슬픈 이야기'를 읽은 후, '마취제가 없다면?', '윌리엄 모턴과 호러스 웰스의 실험 정신이 없었다면?'과 같은 주제를 설정하고 글짓기를 했다.

이 활동을 통해 학생들은 실험을 수행한 과학자들의 열정을 다시금 느끼고, 그 실험으로 인한 지금의 생활의 변화에 대해서 생각해 볼 수 있었다.

책 제목	세상을 살린 10명의 용기 있는 과학자들 – 3장 '웃음 가스에 얽힌 슬픈 이야기'
주제	마취제가 없으면?

만약 마취제가 없다면 이 세상이 너무 고통스러울 것 같다. 마취를 하지 않고 수술을 한다면 생각만 해도 끔찍하다.

사람이 길을 가다 차에 치어 팔이 찢어져 큰 수술을 해야 하는데 마취제가 없으면 정말 큰 고통을 느낄 것이다. 마취제가 없어 수술을 못하고 그냥 있어도 고통이 심하다. 그래서 마취제는 우리가 다치거나 할 때 꼭 필요한 물품이다.

마취를 하고 사랑니를 뽑으면 괜찮지만 마취를 하지 않았다면 정말로 아팠을 것 같다. 나는 자전거를 타다 앞에 돌멩이에 걸려 몸이 날아가서 정강이 위쪽이 찢어졌다. 그래서 마취를 하고 다친 곳을 치료했다.

책 제목	세상을 살린 10명의 용기 있는 과학자들 - 3장 '웃음 가스에 얽힌 슬픈 이야기'
주제	윌리엄 모턴과 호러스 웰스의 실험정신이 없었다면?

윌리엄 모턴과 호러스 웰스가 마취제를 발명하기 전에는 이가 썩고 부러져 아파도 참을 도리밖엔 없었다.

그런데 윌리엄 모턴과 호러스 웰스는 실험 대상을 구하지 않고 자신의 몸에 직접 실험했다. 예를 들어 모약 복용부터 침으로 피를 뽑아내는 실험 등 여러 가지 실험을 했다. 여러 번의 실패가 있었지만 둘은 마취제를 발명했다.

하지만 웰스는 서른세 번째 생일을 맞은 지 사흘 후에 뉴욕에서 사람들에게 염산을 뿌린 혐의로 체포되었다. 그는 감옥에서 부끄러움과 고통을 피하기 위해 클로로포름을 마시고 스스로 생을 마감했다.

책 읽고 토론하기

3장 '웃음가스에 얽힌 슬픈 이야기'를 읽고 '마취제의 발명이 자신의 목숨을 걸 만큼 중요한가?'를 주제로 찬반 토론을 한 사례를 소개한다.

다음은 초등학교 4학년 학생의 토론 준비 활동이다. 토론하기 전에 미리 주장과 근거를 정리하고 팀원과 함께 생각을 나눴다.

책 제목	세상을 살린 10명의 용기 있는 과학자들 - 3장 '웃음 가스에 얽힌 슬픈 이야기'	
주제	마취제가 자신의 목숨을 걸 만큼 중요한가?	
토론 전 나의 주장과 근거	주장	중요하지 않다.
	근거	1. 마취제를 만드는 것도 중요하지만 자기의 목숨도 중요하다. 2. 이를 뽑을 때는 죽을 것 같은 고통이 있지만 죽음은 이를 뽑는 것보다 끔찍하다. 3. 마취제를 발명해도 목숨까지 걸 필요는 없다.
우리 팀의 생각	찬성 근거	1. 정신적 고통과 육체적 고통을 덜어 줄 수 있다. 2. 여러 사람이 이를 뽑을 때 고통받고 있다. 3. 마취제를 발명하면 사람들이 편해진다.
	반대 근거	1. 마취제를 만드는 데 목숨까지 걸 필요는 없다. 2. 마취제가 없어도 고통 한 번 참고 나면 편히 살 수 있다. 3. 마취제를 발명하더라도 목숨까지 건다면 슬프다.
토론 후 나의 주장	계속 반대한다.	

새를 관찰하는
과학자와
만나고 싶다면?

동고비와 함께한 80일

김성호 지음 | 지성사

난이도
★★

#작은 새 #동고비 #새 생명 #자식 #사랑 #80일

#관찰 #과학자의 열정 #생명의 소중함 #아름다움

#경이로움

유연정 경기 안양초 교사

80일,
그 짧지 않은 시간

《동고비와 함께한 80일》은 지혜로움을 선사하는 지리산, 그리고 고운 모래를 품은 섬진강과 함께하며 살아가는 김성호 교수의 자연 관찰 일기다.

이 책의 저자는 80일 동안 '동고비'와 함께한다. 동고비는 등산길에서 흔히 보이는 작은 산새로, 이 새의 사진을 한 번 본다면 친숙한 느낌이 들 것이다. 그는 비바람이 몰아쳐도 아랑곳하지 않고 묵묵히 동고비의 곁을 지킨다. 이렇게 동고비 가족을 카메라에 담아 낸 책이 바로《동고비와 함께한 80일》이다. 이러한 저자의 열정 덕분에 우리는 편하게 동고비의 일상을 관찰할 수 있다.

단, 동고비의 세상에 들어가기 위해서는 준비가 필요하다. 온전히 자연을 즐길 수 있는 여유로운 마음! 이것 하나면 동고비와 함께할 80일은 문제없다.

이 세상 모든 생명은
소중하다

동고비는 우리에게 생명이 얼마나 소중한 것인지를 작은 몸으로 표현하며 감동을 선사한다. 그 감동은 놀랍기도 하고 배시시 웃음 짓게 만든다. 아기 새를 지키려는 동고비 부부의 안간힘은 때론 눈물이 날 만큼 처절하기까지 하다.

저자는 동고비의 이러한 행동을 보며 생명의 아름다움을 다시 생각했다고 이야기한다. 모든 생명이 그 자체로 아름답다고만 막연하게 생각했을 뿐 나를 닮은 또 다른 생명을 지키기 위한 부모의 간절함은 알지 못했다고 고백한다. 이런 큰 깨달음을 얻게 해준 것은 위대한 성인도 아니고 세계적인 학자도 아니다. 크기가 고작 13센티미터 남짓한 자그마한 동고비다.

이 책에는 자식에 대한 동고비의 무한한 사랑이 담겨 있다. 연약한 새 생명을 기다리고, 보호하고, 세상으로 나갈 수 있도록 아낌없이 지원하는 모습은 인간과 다를 바 없다. 우리는 모두 누군가의 간절함과 축복 속에서 만들어진 생명이다. 책 속에 담긴 동고비의 사랑을 보면서 생명의 소중함을 다시금 느끼길 바란다. 이 책은 생명을 경시하는 풍조가 만연한 오늘을 살아가는 우리 학생들에게 생명의 소중함을 생각해 보게 한다.

관찰!
과학자의 숙명 같은 일상

동고비는 크기가 작고 빠르며 암수 구분도 어려워서 연구가 쉽지 않다. 관찰이 쉽지 않은 종임에도 불구하고 책으로 완성된 데는 동고비를 바라보는 과학자의 사랑이 큰 역할을 했다. 비바람이 몰아쳐도 80일 동안 한 장소에서 우직하게 동고비 가족을 관찰한 저자의 끈기는 직접 찍은 사진 속에 고스란히 담겨 있다. 세계적인 자연 잡지 〈내셔널 지오그래픽〉에서 볼 만한 사진을 기대한다면 실망할 수도 있다. 전문 사진작가의 사진에서 느낄 수 있는 경이로움과 생생함은 다소 부족하다. 하지만 전문가가 찍은 사진만큼이나 큰 감동을 선사한다. 동고비가 짝을 만나고 둥지를 만드는 시간, 35일 뒤에 알을 낳은 암컷과 이를 지키는 수컷, 59일째에 알을 깨고 나온 새 생명들, 새끼들의 성장까지 어떤 과정도 놓치지 않고 한 장 한 장 담아냈다.

이 책은 저자의 관찰을 도운 여러 사람의 노력도 들어간 결과물이다. 저자의 아내는 80일간 산에서 동고비를 관찰하는 남편을 위해 매일 도시락을 가져다준다. 그리고 80일 동안 동고비에게 아빠를 양보한 자녀들도 있다. 저자는 자신의 관찰 활동에 가족의 희생이 있음을 인정하고 감사히 여긴다. 과학자 특유의 관찰력으로 가족의 희생과 무언의 지지까지도 포착해 낸 것이 아닐까 생각한다.

세상을 향해 날다

엄마, 아빠의 사랑을 듬뿍 받고 동고비들은 무럭무럭 자라난다. 가끔씩 고개를 빼꼼히 내밀어 둥지 밖의 세상을 구경하기도 한다. 하지만 정신없이 먹이와 배설물을 나르면서 여덟 마리의 자식을 키우는 어미는 점점 초췌한 몰골이 되어 간다. 둥지를 얼마나 드나들었는지 둥지 입구가 반질반질하다.

80일째가 되는 날, 드디어 어린 새들은 좁은 둥지를 떠나 넓은 세상으로 훨훨 날아간다. 둥지를 떠나는 일이 쉽지는 않지만 부모와 형제들의 응원에 힘입어 힘찬 날갯짓을 한다.

지금 누군가의 도움을 받으며 성장하는 학생들도 언젠가는 그 안락한 둥지를 떠나게 될 날이 올 것이다. 너무나 당연해 보이는 그 떠남 뒤에는 온 가족의 노력이 있음을 잊지 않아야 한다. 그리고 그 노력에 대한 고마운 마음은 마음속에만 담아두지 말고 적극적으로 표현하길 바란다.

우리 청소년들은 훗날 넓은 세상으로의 날갯짓을 경험하게 될 것이다. 그 날갯짓이 건강하고 성공적으로 이루어지기를 진심으로 응원한다.

아이들의 눈에 비친
동고비 가족

우리가 무심코 지나쳤던 새, 동고비. 이 작은 새가 둥지를 만들고 알을 낳아 새끼를 부양하는 과정을 보고 있자면, 동고비에 감정을 이입하는 우리의 모습을 발견하게 된다. 그리고 어느새 마음 한편이 훈훈해짐을 느낄 수 있다.

이 책을 읽은 초등학교 4학년 아이들은 동고비에게 메시지를 남기고 싶어 했다. 그래서 동고비에게 주는 롤링 페이퍼를 만들었다. 그중 몇몇 아이들이 동고비에게 전하는 말이 인상적이다.

'동고비 부부가 새끼들을 보살피는 것이 감동적이다.'

'동고비 부부의 노력이 헛되지 않게 아기 새들이 잘 자라 주었으면 좋겠습니다.'

열한 살 어린아이의 눈에도 그 사랑이 보이나 보다. 동고비에게 보내는 글 속에 담긴 아이들의 마음이 참으로 예쁘고 사랑스럽다.

이 책의 마지막 장을 넘길 때, 행복을 느끼면서 입가에 잔잔한 미소를 머금은 자신을 발견할 수 있을 것이다.

《문버드》 필립 후즈 지음, 김명남 옮김 | 돌베개

난이도: ★

18년에 걸쳐 지구에서 달까지 갔다가 반쯤 돌아오는 거리만큼의 비행을 하는 새가 있다. 100그램 정도의 작은 몸을 지닌 이 새는 '문버드'로 불린다. 'B95'라는 표식을 달고서 매년 연구자들에게 발견되어 비행에 계속 성공하고 있음을 보여 준다. 인간의 의해 환경이 변화되고 오염된 탓에 철새들이 위협받고 있음에도 여전히 끝나지 않는 비행을 하는 문버드를 통해 이들의 멸종을 막아야 하는 이유를 생각해 볼 수 있다.

《버섯살이 곤충의 사생활》 정부희 지음 | 지성사

난이도: ★★★

숲속에는 정말 다양한 버섯들이 있고, 그 버섯의 수만큼이나 많은 버섯살이 곤충들이 존재한다. 저자는 이런 버섯살이 곤충들을 애정 어린 마음으로 관찰하고 사진을 찍어 하나씩 설명해 나가고 있다. 인문학적 소양을 바탕으로 마치 엄마가 아이에게 설명해 주듯이 차분하게 독자들을 버섯과 버섯살이 곤충들에게 안내하고 있다. 일상의 각박함에서 벗어나 눈에 보이지도 않는 작은 생명체들의 경이로움으로 우리를 초대한다.

동고비 가족에게 전하고 싶은 한마디

책을 읽고 난 후 각자의 생각을 한 줄의 글로 표현하는 활동을 하면서 서로의 감정을 확인하고 공유할 수 있다. 아래는 초등학교 4학년 학생들이 동고비 가족에게 전하는 롤링 페이퍼다.

동고비야 사랑해!	
김○○	정말 재밌었다. 동고비 새끼들이 떠날 때 어미의 마음은 슬펐을 것 같다.
정○○	역시 새도 자식 사랑은 사람과 똑같은 것 같다.
박○○	어린 동고비들을 지키려고 애쓰는 동고비 부부의 마음이 참 눈물겹다.
조○○	동고비 엄마가 알을 낳을 때 너무 힘들 것 같았다. 근데 알을 5개나 낳아서 너무 자랑스럽다. 동고비가 잘 자라면 좋겠다.

최〇〇	동고비 엄마가 알을 낳는 장면이 인상 깊었다. 동고비 새끼들에게 언젠가 밝은 미래가 왔으면 좋겠다.
이〇〇	안녕 동고비야! 넌 남의 집을 개조해서 쓰는구나. 리모델링이 직업이라서 좋겠다.
박〇〇	동고비네 가족들의 사랑이 너무 부럽다.
신〇〇	동고비야! 자식을 사랑하는 게 신기해.
서〇〇	동고비 부부가 새끼들을 보살피는 게 감동적이다. 새끼들이 부부의 노력이 헛되지 않게 잘 자라 줬으면 좋겠다.

동고비 가족을 통해 우리 가족의 모습을 되돌아보며 가족에 대한 마음을 표현하는 활동으로도 확장할 수 있다. 가족사진에 사랑하는 마음이 담긴 진심의 한마디가 더해진다면 그 어떤 선물보다 더 값진 의미를 가질 것이다.

꾸준히 관찰하기

학생들이 생활하는 공간에서 무언가를 실제로 꾸준히 관찰하는 활동을 해보자. 가정에서 반려동물을 관찰할 수도 있고, 화단에서 곤충을 관찰해도 좋다. 식물을 관찰해도 된다. 한살이가 짧은 강낭콩, 봉숭아, 방울토마토 등의 식물은 일생 전체를 관찰한다. 한살이가 긴 식물의 경우에는 일정 기간의 성장을 관찰하고 기록한다. 관찰의 대상이 반드시 동물이나 식물에 제한될 필요는 없다. 가족이나 친구를 관찰할 수도 있다.

평소 우리 곁에 있다는 사실을 너무나 당연히 여긴 대상을 관찰하다 보면 그들의 새로운 면을 찾게 된다. 새로운 면을 찾을수록 관찰 대상에 대한 사랑이 커짐을 느낄 수 있다.

평범한 하루를
특별한 여행으로
바꾸고 싶다면?

시크릿 하우스

데이비드 보더니스 지음, 김명남 옮김 | 웅진지식하우스

난이도
★★

#일상생활 #집에서 하는 과학 여행 #사소한 질문

#미시 세계 #생활용품의 과학 #과거와 현재의 대화

류수경 서울 내곡중 수학 교사

집에서 이루어지는
아주 특별한 과학 여행

매일 똑같이 느껴지는 평범한 하루, 훌쩍 여행을 떠나거나 새로운 경험을 하고 싶지만 언제나 그럴 수 있는 것은 아니다. 평범한 하루가 색달라지도록 약간의 변화를 준다면 어떨까? 가만히 앉아서도 할 수 있는 간단한 방법이 있다. 바로 '사색思索'이다. 따분한 이야기를 하려는 것이 아니다. 사색이라는 말이 너무 부담스럽다면 그냥 '생각하기', 그 말도 어렵다면 머릿속에 '떠올리기'라고 하자. 떠올리기의 장점은 언제 어디서든 할 수 있다는 것이다. 길을 걷는 중에도, 지하철을 타고 퇴근하는 중에도, 그리고 지루한 대화가 오가는 모임에 참석했을 때에도 말이다.

《시크릿 하우스》를 쓴 저자는 커피를 휘젓는 단순한 행동에서 상대성이론, 부동점 정리, 엔트로피 이론 같은 다양한 과학 개념을 이야기한다. 물론 이러한 방대한 지식이 없는 우리는 그런 생각까지는 하지 못한다. 하지만 여러 가지 질문은 던져 볼 수 있다. '커피가 물에 녹는다는 것은 어떤 의미일까?', '커피를 저으면 왜 더 잘 녹지?', '사람들은 왜 커피를 좋아할까?' 등등.

이 책이 바로 그런 사소한 질문을 모아 구성한 책이다. 저자는 '집'이라는 한정된 공간과 일상을 300쪽 분량의 책으로 썼다. 일상생활을 과학의 눈으로 바라보고 작은 한 부분도 놓치지 않고 질문하고 그 질문에 답한 결과다. 저자는 평범한 어느 하루, 우리를 둘러싼 환경을 철저하게 과학적인 용어들로 묘사해 본다. 아침을 깨우는 자명종이 울리는 순간 동심원을 그리는 파동이 사방으로 퍼지는 모습, 집주인이 떠난 빈집에서 수증기가 균류를 깨우는 모습 등등. 현미경을 들이대거나 특별한 장비로만 측정할 수 있는 현상들을 촘촘하게 그려 내고 있다. 우리 눈에 보이지 않는 일상 속 숨겨진 '비밀들'을 밝혀내는 것이다.

저자는 대단한 능력의 소유자다. 때로는 눈앞의 풍경을 확대해 미시 세계를 보여 주기도 하고, 때로는 전 세계를, 우주를 한눈에 보여 주기도 한다. 또한 짧은 한 순간을 길게 늘여 보여 주기도 하고, 시간을 거슬러 과거로 여행을 떠나기도 한다. 저자는 무심코 흘려 보내는 하루의 특정한 부분을 포착해 새로운 세계로 안내한다. 그 이야기를 즐겁게 따라가기만 해도 아주 특별한 과학 여행을 할 수 있다는 점이 이 책의 매력이다.

보이지 않는 세계를 보여 드립니다

이 책을 읽으면 보이지 않은 세계와 만날 수 있다. 예를 들어 보자. 햇볕이 쨍쨍 맑은 날에도 주룩주룩 내리는 비가 있다. 무엇이 내리고 있을까? 바로 '전자 비'다. 방사성 기체가 붕괴하면 이때 생긴 부산물들이 전하를 띤 미립자가 되어 비처럼 쏟아진다고 한다. 우리 눈에는 보이지 않지만 끊임없이 내리고 있으며, 열린 창문의 틈을 통해 들어오기도 하는 전자 비. 눈에 보이지도 않고 전류도 미약하지만 이 사실을 알고 길을 걸으니 왠지 몸이 찌릿찌릿한 것 같다.

우리가 집 안을 걸으며 일으키는 먼지는 또 어떤가? 진드기들은 우리가 흘리는 각질들을 받아먹으려 입을 벌리고 있다. 식탁 위에는 슈도모나스라는 세균이 꿈틀대고 있으며, 조리대에서는 식중독을 일으키는 세균인 살모넬라균이 생존을 위해 분투하고 있다. 매일 씻는 우리 몸은 깨끗할까? 사실 얼굴에는 200만 마리가 넘는 생명체들이 우글거리고 있다. 이런 내용을 읽으면 괜히 찝찝한 느낌이 든다. 하지만 그들은 단지 우리처럼 살고 있을 뿐이다. 약간만 조심하면 큰 문제없이 이들과 잘 살 수 있다.

저자는 현미경 사진 한 장 없이 글만으로 독자를 보이지 않는 세계로 이끈다. 마치 눈을 비비고 자세히 들여다보면 보일 것처럼 묘사하고 있다. 저자의 상상력에 한 번 놀라고, 저자의 글솜씨에 두 번 놀란다.

다시 한번 생각해 보는
생활용품

이 책은 우리 생활과 밀접한 물건들의 비밀도 파헤치고 있다. 마치 소비자 고발 프로그램처럼 말이다. 물, 분필, 페인트, 자동차 부동액, 파라핀유, 세제, 박하, 포름알데히드를 모두 합친 제품이 무엇일까? 바로 치약이다. 치약 속에 이런 성분이 들어 있다니 놀랍다.

마가린은 값싼 회색 기름을 가공한 것이다. 립스틱을 바를 때 생기는 광택은 생선 비늘에서 나온다. 이 책을 읽으면 샴푸와 린스, 매니큐어, 케이크, 아이스크림 등 다양한 제품들이 어떤 공정을 거쳐 만들어지는지 확인할 수 있다.

생활용품의 성분과 만들어지는 과정을 알면 유쾌한 기분이 들지 않는다. 하지만 '이것 없이는 단 하루도 살 수 없다'고 느끼는 생활용품에 대해 다시 한번 생각해 보는 좋은 기회가 된다. 정말 내게 필요한 것인지, 대체할 수 있는 다른 상품은 없는지, 광고에서 소개하는 이미지에 속아서 사용하는 것은 아닌지 말이다.

과거와 현재의
과학적 대화

　　　　　　　　우리가 편리하게 사용하는 진공청소기는 어떻게 발명된 것일까? 이 책을 읽으면 그 해답을 얻을 수 있다. 먼지와 쓰레기를 후후 불거나 밀어내던 시절에 이것을 빨아들이면 어떨까 하는 발상의 전환을 한 발명가의 이야기가 이 책에 나와 있다. 학생들이 이 내용을 읽으면 짧은 과학사 다큐멘터리 한 편을 보는 느낌을 받을 것이다. 진공청소기 외에도 청바지, 식탁, 침대, 스프링, 비누 등이 어떻게 발명되었으며, 당시의 시대 상황은 어땠는지, 인물들 간에 숨어 있는 비화 등을 재미있게 풀어 주고 있다.

　이 책에서 더 흥미로운 부분은 과거의 일이 현재와 어떤 식으로 연결되는지 보여 주는 대목이다. 금은 녹이 잘 슬지 않는다. 그래서 금은 수백 년이 지나도 그대로 남을 수 있다. 그러면 재미있는 상상을 할 수 있다. 과거에 사용했던 금이 오늘 누군가 사용하는 귀고리에 들어 있을 수 있다. 먼 옛날 이집트인이 즐겨 쓴 장신구의 금, 과거에 남아메리카에서 발굴되어 대서양으로 옮겨져서 물물교환의 수단으로 사용된 금, 누군가가 훔쳐서 얻은 금 등이 현재 만들어지는 귀고리에 들어 있을 수 있는 것이다. 사람들이 금을 캐내기 시작한 이래 채굴한 총량을 모아 봤자 4.5제곱미터 면적에 15미터 높이밖에 되지 않는다고 한다. 금은 그 정도로 희소하기 때문에 이런 상상이 허무맹랑한 것은 아니다. 이처럼 이 책을 읽으면 현재와 연결된 과거와 만날 수 있다.

나와 우주는 연결되어 있다는
놀라운 사실

과거와 연결된 나를 확인했다면 지구, 우주와 연결된 나도 만날 수 있다.

예를 들자면 사하라 사막의 모래가 바람에 떠밀려 지구를 반 바퀴 이상 떠돌다가 나의 어깨 위에 내려온다. 좀 더 시야를 넓힐 수도 있다. 비는 구름 속에 들어온 미립자 주위로 수증기가 모여 뭉치면서 무거워져 내리는 것이다. 그렇다면 구름 속에 들어온 미립자들은 어디에서 온 것일까? 생각해 보면 가능한 것들은 많다. 주변에서 발생한 평범한 먼지도 있고, 먼 사막에서 발생하여 어쩌다 날아온 모래도 있다. 그리고 우주에서 들어오는 먼지도 있다. 바로 '운석'이다. 지구로 들어오는 미세한 운석 덩어리가 구름을 만나 비로 내릴 수 있는 것이다. 우주에서 끊임없이 유입되는 입자들, 특히 지구의 역사보다 오래된 입자가 비에 섞여서 지구로 내릴 수도 있다는 말이다. 그렇게 떨어진 입자들은 지구의 일부분이 된다. 흙에 들어가 식물을 자라게 하고 식물을 먹은 사람의 일부가 된다. 먼 우주에서 날아온 작은 조각을 우리는 몸속에 하나씩 품고 있는 셈이다. 학생들은 이 책을 읽으면서 자신이 우주와 연결되어 있다는 사실을 생생하게 느낄 수 있다.

이 책의
진짜 비밀, 질문

이 책을 읽으면서 정말 깨달아야 하는 것은 질문의 중요성이다. 그리고 그 질문들을 해결하려는 태도다. 책 속 모든 내용은 처음부터 저자의 머릿속에 있었던 것이 아니다. 평범한 일상을 과학적인 시각에서 묘사해 보겠다고 생각한 이후부터 그는 끊임없이 질문하고 그 질문들에 대한 답을 찾기 위해 각종 통계 자료와 서적을 뒤적였으며, 각 분야의 전문가들에게 끊임없이 문을 두드렸다.

어린아이들에게 시간은 느리게 가는 것처럼 느껴진다. 반면 어른들은 나이가 들수록 시간이 빠르게 흐른다고 느낀다. 이 책은 시간을 천천히 흐르게 하는 비결을 알려 준다. 바로 '생각하는 것'이다. 멍하니 앉아 있거나 생각 없이 스마트폰을 만지작거리며 보내는 출근 시간은 그냥 사라지는 시간처럼 느껴진다. 하지만 그때 질문을 던지고 생각하며 보낸 사람에게는 의미 있는 시간이 된다. 아이들의 하루가 긴 것도 이것 때문이 아닐까? 매일 아침 눈을 뜰 때마다 펼쳐지는 새로운 세상과 만남들로 항상 궁금한 것이 많은 아이들은 많은 질문과 생각을 하며 살아가기 때문에 어른보다 더 긴 하루를 보낼 수 있는 것이다. 이 책을 읽으면 평범한 하루를 특별하고 알차게 보낼 수 있는 인생의 비밀을 만날 수 있다.

《E=mc²》데이비드 보더니스 지음, 김희봉 옮김 | 웅진지식하우스

난이도: ★★★★

《시크릿 하우스》저자의 다른 책에도 도전해 보자. 이 책은 아인슈타인의 너무나도 유명한 공식 $E=mc^2$을 다룬 책이다. 물론 상대성이론이나 아인슈타인에 대한 책은 많이 있지만 이 책의 특이한 점은 $E=mc^2$이라는 공식 자체에 대한 이야기라는 점이다. 가장 먼저 이 공식을 구성하고 있는 기호 E, m, =, c, 제곱의 역사로 시작해 아인슈타인이 이 공식을 만들어 낸 과정, 그리고 이후 이 공식이 실용화되는 과정까지 따라가고 있다. 딱딱한 과학 이론만을 설명하는 것이 아니라 이 공식과 관련된 과학자들의 이야기와 역사적 사건들을 함께 풀어내고 있으며, 공식의 의미 또한 이해하기 쉽게 설명하고 있다. 대중적인 과학서를 쓰는 데 탁월한 재능이 있는 저자의 능력을 믿고 책을 일단 펼치면 쉽고 재미있게 읽을 수 있다.

우주의 크기를 영상으로 확인하기

《시크릿 하우스》는 미생물, 미립자 등 우리 눈에 보이지 않는 물체가 있는 미시 세계와 광활한 우주를 넘나드는 과학 이야기를 들려준다. 이를 특별한 사진이나 그림 없이 문장만으로 표현해 내는 저자의 글솜씨가 매우 훌륭하다.

우주의 크기를 직접 눈으로 확인할 수 있는 동영상도 있다. 아래 링크에서 볼 수 있다.

https://youtu.be/Hyd7vM9BPAs

이 영상은 어느 여성의 눈에서부터 시작해서 점점 넓은 우주로 시야를 넓혀 간다. 그러다가 다시 여성의 눈으로 돌아온다.

거대한 우주를 보여 준 다음 영상의 후반부는 반대로 눈으로 확인할 수 없는 아주 작은 세계로 들어간다. 우리의 몸속 세계도 우주만큼 광활하다는 것을 보여 준다.

《시크릿 하우스》를 읽기 전에 이 영상을 보고 책의 내용을 미리 상상해 보는 활동을 진행할 수 있다. 만약 책을 읽은 뒤에 영상을 본다면 이 책의 내용이나 가치를 이해하는 데 도움이 된다.

밤하늘에 떠 있는
별과 우주에 대해
알고 싶다면?

난이도
★★

할아버지가 들려주는 우주이야기

위베르 리브스 지음 , 강미란 옮김 | 열림원

#밤하늘 #별 #우주 #당신의 #인생에 #은하수처럼

#반짝이는 #길잡이 #할아버지 #우주 이야기 #인생이란

#고민 #물음

유연정 경기 안양초 교사

밤하늘을
바라보다

《할아버지가 들려주는 우주이야기》는 프랑스에서 널리 알려진 천체물리학자이자 과학 저술가인 위베르 리브스가 썼다. 별이 무엇으로 만들어졌는지, 태양의 나이는 몇 살인지 등 우주에 관한 질문을 손주가 던지면 저자가 그에 답하는 형식으로 구성되었다. 이 책을 읽다 보면 손주에게 이야기를 들려 주는 할아버지의 존재는 동서양이 다르지 않음을 느낄 수 있다.

어느 여름날 밤, 긴 의자에 편히 누워 밤하늘을 함께 바라보는 아이가 등장한다. 그리고 아이의 할아버지이자 이 책의 저자인 위베르 리브스가 손녀와 대화한다. 손녀는 별과 우주에 대한 질문을 쏟아 내고 할아버지는 조곤조곤 대답하며 궁금증을 해결해 준다. 때론 과학자의 시선으로, 때론 손녀를 사랑하는 할아버지의 시선으로, 때론 인생 선배의 시선으로 이야기하는 위베르 할아버지는 마치 책 밖으로 나와 독자와 마주 보고 대화하는 것처럼 생생하게 다가온다.

세상의 시작!
존재 그리고 관계

우리는 살아가면서 여러 가지 궁금증에 휩싸인다. 그중 가장 원론적인 질문이 나는 누구이고, 이 세상이 어떻게 비롯되었는지가 아닐까? 생명체가 살아갈 수 있는 이 공간은 어떻게 생겼고, 어떻게 유지되는 것일까? 이 책의 저자 위베르 할아버지는 이 질문으로 우주 이야기를 시작한다.

난자와 정자라는 두 세포가 만난 순간부터 우리는 '우주의 주민'이 되는 것이다. 인간과 우주가 생겨나는 과정은 동떨어져 있지 않다. 하늘에 별이 없었다면 우리는 존재하지 않았을 것이고 할아비지와 손녀가 이야기를 나누고 있지도 않았을 것이다. 이와 같이 상상할 수도 없을 만큼 멀리 떨어져 있는 별이 우리의 존재와 깊은 관계가 있음을 이 책은 일깨워 준다.

과거와 현재의
만남

밤하늘의 나침반이라 불리는 북극성은 지구에서 약 430광년 거리에 있다. 따라서 현재 우리가 보는 반짝이는 북극성의 빛은 지금으로부터 430년 전에 북극성에서 출발한 것이다. 이렇게 밤하늘을 바라보며 우리가 보는 별의 모습은 현재가 아닌 과거의 모습이라는 것을 할아버지는 설명해 준다. 빛의 속도로도 몇 백 년이 걸리는 거리라니 우주의 크기가 어느 정도인지 가늠하기도 어렵다.

게다가 이렇게 큰 우주가 팽창을 한다니 이게 무슨 뜻인지 궁금해진다. 우주가 어떻게 팽창하는지를 묻는 손녀의 질문에 할아버지는 미국의 천문학자 허블의 우주팽창 이론에 대한 설명을 시작한다. 우주에 존재하는 은하들이 그 자리에 그대로 있는 것이 아니라 서로 조금씩 멀어지고 있으며, 은하가 멀리 있을수록 서로 멀어지는 속도가 빨라지고 있다는 사실을 손녀가 쉽게 이해할 수 있도록 포도 푸딩에 비유해 설명한다. 우주가 팽창한다는 것은 푸딩 속 건포도처럼 은하들이 서로 멀어지고 있음을 뜻한다. 과거에는 은하들이 서로 더 가깝게 위치하고 있었지만 앞으로는 점점 더 거리가 멀어질 것이다.

과학적인 이론이 나오기 위해서는 이를 설명할 수 있는 과거의 흔적을 찾아야 한다. 우리는 인류의 역사를 알기 위해 과거 조상들이 살았던 흔적을 찾아 증거를 모은다. 이처럼 우주의 역사를 알기 위해서도 빛을 비롯한 다양한 현상과 원자에서 그 흔적을 찾고 이를 통해 우주 역사를 증명해야 한다.

밤하늘을 수놓은 별은 우리에게 우주의 과거를 보여 준다. 별과 지구 사이의 거리에 따라 그 과거는 각각 다르다. 밤하늘을 바라본다는 것은 우주의 과거를 총체적으로 바라보는 것이다. 즉, 우리가 보는 우주는 과거 우주의 집합체인 것이다. 이런 생각을 가지고 밤하늘을 올려다 보면 어제와는 사뭇 다른 느낌으로 다가온다.

가장 설득력 있는 가설

저자는 우주 이야기뿐 아니라 과학 이론이란 무엇인지에 대해서 놓치지 않고 짚어 준다. 우주가 남긴 흔적을 통해 우리가 알게 된 내용들은 무조건적인 진실이나 진리가 아닌 가장 설득력 있는 가설임을 말이다.

지금 우리가 당연하게 여기고 있는 빅뱅 이론도 처음에는 과학자들의 지지를 받지 못했다. 1930년경 벨기에 사제였던 조르주 르메트르는 원시 원자라고 불리는 아주 뜨겁고 압축된 원자로부터 우주가 탄생해서 점점 차가워졌다는 이론을 발표했다. 이는 빅뱅 이론의 시작이 될 수 있었지만 당시에는 수긍하는 과학자가 별로 없었다. 하지만 이 이론을 곧바로 폐기한 것은 아니었다. 과학자들은 연구를 거듭한 결과 아주 오래전으로 거슬러 오른다면 우주가 하나의 빛의 상태인 시간에 도달할 수 있음을 과학적으로 증명해 냈고, 지금의 빅뱅 이론을 자리 잡게 했다.

할아버지는 과학이 어떻게 태어났는지를 문자에 비유해 설명한다. 문자는 일정한 차례에 따라 나열한 글자의 집합이다. 글자 하나하나가 모여 단어를 이루고, 단어가 모여 문장을 이루며 문장이 모여 문단을 이루고, 문단이 모여 책이 만들어진다. 따라서 각 단계의 요소들은 그전 단계 요소들의 조합이라고 할 수 있다. 과학에서도 마찬가지다. 쿼크가 모여 양자와 중성자를 이루고, 양자와 중성자가 모여 핵자, 원자핵과 전자가 모여 원자, 원자들의 조합으로 분자가 만들어지며 분자들의 조합으로 세포가, 세포들의 조합으로 생명체가 생기는 것이다.

인류는 우주에 대해 많은 것을 궁금해하고 있으며 우주의 기원을 알기 위해 많은 연구를 하고 있다. 이런 노력이 계속되면 우주에 대해 모든 것을 알 수 있을까? 할아버지는 우주 그리고 우주의 기원은 우리의 이해 범위를 넘어선다고 말한다. 아무리 현대의 과학기술이 발전한다 하더라도 그 신비로움의 비밀이 다 풀리지 않을 수도 있다. 하지만 그 비밀이 다 풀리지 않는다 하더라도 우주에 대한 인간의 궁금증은 계속될 것이고, 이를 해결하기 위한 노력도 멈추지 않을 것이다.

생각을 바꾸면 우주여행은 어렵지 않을 수도 있다. 1년 전 우주의 모습이 궁금하면 1광년 떨어진 곳의 별을 관찰하고, 태양이 생길 당시의 우주의 모습이 궁금하다면 45억 광년 떨어진 곳의 별을 관찰하면 되는 것이다. 우주 여기저기를 본다는 것은 어쩌면 타임머신을 타는 것과 비슷할지도 모른다.

우리의 과거 모습이 현재 누군가에게 어떤 영향을 주었는지, 나의 현재 모습이 미래에 어떤 모습으로 변할지, 이 책을 읽고 밤하늘을 보며 생각해 보면 어떨까?

🔍 더 읽을거리

《십대, 별과 우주를 사색해야 하는 이유》 이광식 지음 | 더숲

난이도: ★★

저자는 우주를 알면 인생이 달라진다고 말하며 산속에서 빈둥빈둥 별을 관찰하고 산다. 입시 전쟁 속에서 살아가는 청소년에게 우주의 아름다움을 전하고자 하는 저자의 열망이 느껴진다.

《우주의 비밀》 아이작 아시모프 지음, 이충호 옮김 | 갈매나무

난이도: ★★

우주 너머에는 무엇이 있을까? 우주의 크기는 얼마나 될까? 이런 생각은 옛날에도 해 왔을 것이다. 이 책은 인류가 태양계와 우주, 지구에 대해 밝혀 낸 역사를 풀어 나간다.

《우종학 교수의 블랙홀 강의》 우종학 지음 | 김영사

난이도: ★★★★

박사라는 호칭보다는 '별 아저씨'로 불리고 싶어 하는 저자가 다섯 번의 과학 수업을 통해 학생들을 블랙홀이라는 미지의 세계로 안내한다. 블랙홀의 기본 개념, 블랙홀 이해에 꼭 필요한 이론들, 최신 연구 결과 등에 대한 여러 가지 자료를 조곤조곤 설명해 준다.

생각을 키우는 독서 활동

인생 그래프 그리기

이 우주에 들어와서 우주를 구성하는 일원으로 살아가는 나의 삶을 되돌아보는 활동을 한다. 지금까지 살면서 겪었던 일을 중심으로 인생 그래프를 그리고 자신의 과거를 되돌아보는 시간을 갖는다.

나의 인생 연표 만들기

지금까지의 삶에 대한 인생 그래프를 바탕으로 자신을 되돌아보고 미래를 설계하는 활동을 한다. 100세 인생, 120세 인생 등 연표의 범위는 학생들을 고려해 제공한다. 가정에서 하기도 좋은 활동이다. 가족끼리 서로를 이해하는 시간을 보낼 수 있다.

미국항공우주국[NASA]에서는 웹사이트와 유튜브에 우주를 찍은 영상이나 사진을 제공한다. 특히 국제우주정거장[ISS]에서 찍은 지구의 영상을 실시간으로 보여 주는 방송이 인기가 높다.

지구를 실시간으로 보여 주는 '어스캐스트[UrtheCast]'라는 웹사이트도 참고할 만하다. 이 웹사이트에서는 국제우주정거장에 설치된 두 대의 카메라에서 데이터를 받아 지구 곳곳을 고화질 영상과 화면으로 보여 준다. 북한의 평양을 찍은 영상도 30초가량 볼 수 있다.

미국항공우주국 공식 유튜브
https://www.youtube.com/user/NASAtelevision

미국항공우주국 실시간 스트리밍 유튜브
https://www.youtube.com/watch?v=EEIk7gwjgIM

국제우주정거장에서 찍은 지구 영상
https://www.youtube.com/watch?v=XBPjVzSoepo

스페이스 비디오[Space Videos]
https://www.youtube.com/user/ouramazingspace

미국항공우주국 홈페이지
https://www.nasa.gov

미국항공우주국 페이스북

https://www.facebook.com/NASAastromaterials

어스캐스트 홈페이지

https://www.urthecast.com

지구상에 가장 많은
생명체, 곤충이
하는 일이 궁금하다면?

곤충의 밥상

정부희 지음 | 상상의숲

#생명 #문학적 감수성 #감동 #곤충 #벌레 #밥상 #꽃

#식물 #곤충이 하는 일 #자연 #관찰

홍승강 서울 환일고 국어 교사

곤충은 무엇을
먹고 살까?

아이들은 곤충을 어떻게 생각할까? 수업 시간에 곤충 이야기를 꺼내면 징그러워하거나 무섭다고 싫어하는 아이들이 대부분이다. 그 이유는 아마 자연과 너무 멀어져서가 아닐까? 요즘 아이들은 주로 사진이나 책을 통해 곤충들을 접한다. 그래서 곤충에 대한 관심 자체가 별로 없다.

물론 곤충을 이해하는 가장 좋은 방법은 자연이다. 굳이 거창한 자연이 아니더라도 가까운 공원으로 나가 보는 것도 좋다. 그조차 어렵다면 《곤충의 밥상》을 권한다. 아마 이 책을 읽다 보면 나도 모르게 공원의 작은 꽃 한 송이에서 곤충을 찾고 있을지도 모른다.

이 책은 제목만으로도 충분히 호기심을 불러일으킨다. 곤충들은 무엇을 먹고 살까? 이 책은 곤충들의 삶을 크게 다섯 가지로 나누어 소개한다. 풀을 먹고 사는 곤충, 나무를 먹고 사는 곤충, 버섯을 먹고 사는 곤충, 똥과 시체를 먹고 사는 곤충, 곤충을 먹고 사는 곤충으로 나누어 저자가 직접 찍은 500여 장의 사진을 통해 생생하게 보여 준다. 그래서인지 사진만 보아도 재미있다. 족도리풀을 찾아 3만 리를 날아 다니는 애호랑나비, 참나무 가지를 싹뚝 자르는 도토리거위벌레, 층 층나무 잎에서 알을 지키는 에사키뿔노린재, 도깨비거저리의 먹이 지 존인 말굽버섯, 시체도 먹고 똥도 먹는 알락파리 등 차례에 나와 있는 곤충들의 이름만 보아도 한번 읽어 보고 싶은 마음이 든다.

이 책은 무겁고 두터워서 곤충 도감이나 학술 서적 같아 처음에는 약간의 거부감을 느낄 수 있다. 하지만 생생한 사진과 흥미진진한 설 명으로 책을 한 장 두 장 넘겨 갈수록 곤충의 세계 속으로 푹 빠져들 수 있다. 읽을수록 과학지의 세심한 관찰력에 탄복하게 된다. 그래서 다음 장엔 어떤 이야기가 나올지 기대하게 된다.

이 책은 우리 아이들이 곤충에 관심을 갖게 이끈다. 곤충에 대한 저 자의 사랑이 느껴지는 구절이 가득하다. 더 나아가 자연에 대한 경외 심마저 느끼게 한다. 저자는 곤충에 대한 따뜻한 시선으로 자연이 우 리에게 얼마나 소중한 존재인지를 새삼 깨닫게 해준다.

지구의 주인, 곤충

지구에 터전을 잡고 사는 수많은 동물 중 에서 곤충은 무려 3분의 2를 차지한다. 알려진 곤충의 종수만 해도

100만 종에 이른다. 어쩌면 이들이 진정한 지구의 주인일지도 모른다. 곤충이 이렇게 왕성한 생명력을 자랑하는 이유는 바로 먹이가 여기저기 널려 있기 때문이다.

도토리거위벌레 암컷은 도토리 속에 알을 낳는다. 그 딱딱한 도토리 껍질을 뚫는 것도 신기하다. 게다가 알을 낳은 도토리 가지를 땅에 떨어뜨린다. 그러면 도토리 속을 먹고 자란 애벌레가 땅 속에 들어가 번데기가 된다. 만약 가지를 땅에 떨어뜨리지 않는다면 자그마한 애벌레가 어떻게 땅까지 내려오겠는가? 곤충들의 생활은 참 신기하다.

더욱 신기한 것은 곤충마다 좋아하는 먹이가 다르다는 점이다. 예를 들어 애호랑나비의 애벌레는 쪽도리풀만 먹고 산다. 만일 쪽도리풀이 사라지면 애호랑나비의 애벌레는 살 길이 막막해진다. 최근 각종 산림욕장, 휴양림, 둘레길을 만들기 위해 숲이 파괴되면서 그늘진 응달이 하루아침에 햇볕을 많이 받는 양지가 되기도 한다. 동물들은 서식지를 옮겨 가면 되지만 식물들은 그럴 수가 없다. 이렇게 조금씩 쪽도리풀이 사라진다면 앞으로 애호랑나비도 볼 수 없게 될 것이다.

곤충들은 식물과 동물은 물론 버섯 같은 균류, 똥, 미생물, 심지어 시체까지 먹이로 삼는다. 만약 똥과 시체를 좋아하는 곤충들이 없었다면, 지구는 온통 시체 밭, 똥밭이 되었을지도 모른다.

자연을 이해하는
가장 좋은 방법

아이들이 자연을 이해하는 가장 좋은 방법은 직접 자연을 살펴보며 그 신비와 소중함을 느끼는 것이다. 그런데 이제 흙을 밟는 것도 쉽지 않다. 어디를 가도 흙이 도통 보이지 않는다. 특히 요즘은 운동장을 인조 잔디 운동장으로 바꾸는 학교가 많다. 비 오는 날 진흙이 되어 질퍽거리는 운동장보다는 보기도 좋고 실용적이라는 이유에서다. 안타까운 현실이다. 흙에서 수많은 생명을 만날 수 있기 때문이다.

그래도 학교에서 자연을 관찰할 기회가 전혀 없는 것은 아니다. 나무도 있고 풀들도 자라고 있다. 여름이 되면 매미가 울고, 나비가 꽃을 찾아 날아다닌다. 발밑으로는 개미가 기어 다닌다. 흔히 있는 작은 식물과 곤충을 통해서라도 아이들이 생명의 소중함을 배울 기회가 있어야 한다.

이 책은 우리가 각박한 일상에서 자연과 가까이할 수 있는 출발점이 되어 준다. 이 책에는 저자가 직접 관찰한 곤충의 사진이 가득 담겨 있다. 그래서 책을 읽고 나서 직접 풀밭을 돌아다니며 식물과 곤충을 찾아보는 데 도움이 된다. 책이나 사진으로만 보던 곤충들을 실제로 찾아보는 즐거움을 준다.

글을 읽기 어렵다면 생생한 사진만 보아도 충분하다. 주변에 늘 있지만 잘 보이지 않던 것들이 보이기 시작하고, 새로운 세상이 열리는 느낌을 받을 수 있다.

진심이 느껴지는
관찰

이 책은 과학책이 어렵고 딱딱하다는 편견을 깬다. 대개 과학책 하면 난해한 정보 전달 위주의 책들이 많아 약간의 거부감을 느끼게 한다. 그런데 이 책은 부드럽고 친밀한 문장으로 마치 수필을 읽는 것 같은 느낌을 준다. 영문학을 전공한 저자의 문학적인 감수성이 책 곳곳에 녹아들어 있다. 한 문장 한 문장에 곤충에 대한 저자의 관심과 애정이 진심으로 느껴진다.

예를 들어 에사키뿔노린재를 설명한 부분은 정말 감동적이다. 엄마 에사키뿔노린재는 애벌레가 깨어날 때까지 열흘이 넘도록 한시도 자리를 비우지 않고 날개를 퍼덕이며 천적들을 쫓아낸다. 무더운 여름에는 알이 썩을까 봐 끼니까지 굶어 가며 날갯짓을 해서 더위를 식혀 준다. 이렇게 지극정성으로 알을 지키다가 알이 깨어나면 엄마 에사키뿔노린재는 움직일 힘조차 없어 조용히 죽음을 맞이한다. 그 어떤 소설이나 드라마보다도 감동적이다.

배우는 줄 모르고 배우는 것이
가장 좋은 교육

이 책을 읽다 보면 나도 모르게 자연에 대한 관심이 생긴다. 작은 풀꽃들도 새롭게 보이고, 거기에 혹시 곤충이 숨어 있지 않나 관찰하게 된다. 작은 곤충들을 보며 삶의 지혜를 배우기도 하고 자연의 위대한 섭리를 느끼기도 한다.

이제 자연에 관심을 가져야 할 때다. 자연에 대한 따뜻한 시선이 필요하다. 자연은 가만히 두면 말 그대로 자연스럽게 잘 돌아간다. 하지만 인간이 개입하는 것이 문제다. 더 이상 자연을 인간의 욕심으로 파괴해서는 안 된다. 자연과 인간의 공존을 찾아 나서야 할 때다. 곤충들이 사라지면 모든 게 사라지게 될 것이다.

주변으로 눈을 돌려 보자. 평소에 보이지 않던 작고 사랑스러운 존재들을 만날 수 있을 테니.

《**조복성 곤충기**》 조복성 지음, 황의웅 엮음 | 뜨인돌

난이도: ★★★

한국에서 곤충을 가장 먼저 연구해 한국 곤충학의 아버지라 불리는 조복성 박사의 책이다. 그는 곤충을 관찰하기 위해 전국을 돌아다닐 정도로 곤충을 사랑했다. 이 책은 곤충을 채집한 경험과 다양한 곤충의 삶에 대한 이야기들을 들려 준다.

《**파브르 곤충기**》 1~10 장 앙리 파브르 지음, 김진일 옮김, 정수일 그림 | 현암사

난이도: ★★★

총 열 권의 책들 속에 얼마나 많은 곤충이 등장할지, 도대체 어떤 이야기가 담겨 있을지 궁금하지 않은가? 평생을 곤충과 함께 했던 파브르의 이야기 속으로 여러분을 초대한다.

생각을 키우는
독서 활동

우리 학교에 있는 곤충 찾아보기

잠자리나 매미, 개미, 노린재 등 우리 주변에도 흔히 있는 곤충들이 있다. 이런 곤충을 학교에서 직접 찾아 사진을 찍어 관찰해 보자. 그림을 그려 봐도 좋다. 나아가 그 곤충에 대한 자료를 찾아 발표해 보자.

곤충이 사라지면 어떤 일이 생길까?

생태계 속 곤충의 역할과 소중함을 이해하기 위해서는 활발하게 토론을 나눠 보는 활동이 좋다. 예를 들어 로리 그리핀 번스의 《꿀벌이 사라지고 있다》라는 책에 따르면 농작물의 3분의 1이 곤충의 수분 활동으로 열매를 맺는데 그중 80퍼센트가 꿀벌의 몫이다. 아인슈타인은 꿀벌이 사라지면 인류가 4년 내에 멸망할 것이라고 예언했다. 정말일까? 꿀벌이 사라지면 어떤 일이 생길까?

잘나가는 과학기술에
딴지를 걸고 싶다면?

과학, 일시정지

가치를꿈꾸는과학교사모임 지음 | 양철북

난이도
★★★

#기술 #기후변화 #동물실험 #과학 윤리 #과학 독서

#토론 #문제 해결 #과학적 사고 #지속 가능 #나노 기술

#유전자 조작 식품

홍승강 서울 환일고 국어 교사

과학기술로 무엇을 얻고
무엇을 잃었을까?

2016년 인공지능 알파고가 세계 바둑 대회 우승자인 우리나라의 이세돌 9단을 이겨 우리를 충격에 빠뜨렸다. 그러나 그것이 전부가 아니었다. 2017년엔 세계 랭킹 1위의 중국 기사 커제도 무너졌다. 더 충격적인 사실은 커제와 대국한 '알파고 제로'가 바둑을 익힌 방식이다. 알파고 제로는 순수 독학만으로 지식을 습득하는 인공지능으로 기존 알파고보다 한층 향상되었다. 알파고 제로에게는 기보를 전혀 주지 않고 오로지 바둑 규칙만 제공한 뒤 바둑을 스스로 배우게 했는데 세계 1위를 이겼다.

이렇듯 과학기술은 무서울 정도로 빠르게 발전하고 있다. 요즘은 아무리 획기적인 제품이라도 1, 2년만 지나면 구식이 되어 버린다. 궁금한 것을 검색하는 방법도 예전과는 달라졌다. 다음이나 네이버 등의 포털사이트보다는 유튜브로 검색하는 세상이 되었다.

《과학, 일시정지》는 제목 그대로 우리가 빠르게 발전한 과학기술을 통해 무엇을 얻었고, 또 무엇을 잃어 가고 있는지 생각해 볼 것을 제안한다. 물론 우리는 과학기술로 얻는 편리함에 이미 익숙해졌기에 이를 포기하고 예전으로 돌아갈 수는 없다. 하지만 과학이 삶을 어떤 방향으로 변화시켰는지 잠시 생각해 볼 필요는 있다.

과학이라는 판도라의 상자

'판도라'는 그리스 신화에 등장하는 미녀로, '호기심이 많은 여자'라는 뜻이다. 번개의 신 제우스는 판도라에게 세상의 온갖 악이 담긴 상자를 선물하며 절대 열지 말라고 당부한다. 그러나 호기심이 많은 판도라는 제우스의 명령을 어기고 상자를 연다. 그러자 온갖 재앙이 상자에서 튀어나와 세상에 퍼진다. 이 상자가 바로 '판도라의 상자'다. 알아서는 안 되는 위험한 비밀이나 많은 재난의 근원을 가리키는 말로 자주 쓰인다.

'과학'이라는 판도라의 상자는 인류에게 편리함이라는 희망을 선물해 주었다. 그러나 한편으로 인간은 과학기술이 주는 달콤함에 빠져 자원을 무분별하게 사용했다. 그 결과 환경이 파괴된 것은 물론 사회, 윤리적 측면에서 인간의 삶과 생존에 악영향을 미치는 문제들이 계속 나타나고 있다. 예를 들어 스마트폰은 우리에게 편리함을 안겨 주었다. 길을 걸으면서도 내가 원하는 정보를 아주 쉽게 얻을 수 있다.

하지만 잃은 것도 있다. 대화의 단절이다. 친구들끼리 모인 자리에서도 스마트폰을 보느라 정신이 없다. 몸은 함께하고 있지만 마음은 다른 곳에 가 있는 셈이다. 가족의 모습도 크게 다르지 않다.

이처럼 과학과 사회는 밀접한 관계를 맺고 있다. 이 책은 과학기술이 사회 전반에 어떤 영향을 미치고 있는지 생각해 보게끔 한다. 과학이라는 판도라의 상자가 낳은 많은 문제를 객관적으로 짚어 보고 해결책을 모색하며 이 시대를 살아가는 현대인의 각성을 촉구하고 있다. 과학을 단순히 설명하는 데 그치지 않고 윤리, 사회, 기술 등 우리가 살아가는 일상의 영역으로 친숙하게 접근하고 있다.

과학은 더 이상 과학자의 전유물이 아니다

이 책은 기후 변화, 동물실험, 연구 윤리, 나노 기술, 유전자 조작 식품, 지속 가능 에너지 등 현대 과학의 열한 가지 쟁점을 다룬다. 이러한 문제들이 과학자들만의 영역이라고 생각하는 사람이 많을 것이다. 과학에 대한 일반 시민의 관심은 너무 부족하다. 사회나 정치 문제에 대해서는 꼭 합리적이거나 논리적인 근거가 없더라도 자기주장을 펼치지만 과학 문제에 대해서는 섣불리 의견을 내기 어려워한다. 왜일까? 과학은 일반인이 이해하기에는 너무 어렵고 다가가기에 너무 먼 미지의 영역이기 때문일까? 이 책은 현대 과학에 대한 거리감을 없애고 직접 가치판단을 해 볼 것을 제안한다.

그리고 과학자의 의견이라고 해서 다 옳은 것은 아니다. 심지어 과학자들의 잘못으로 지구 전체가 큰 어려움에 처한 적도 있다. 예를 들어 인류 최악의 기술이라고 일컬어지는 원자폭탄이 그렇다. 미국의 과학자들은 핵분열을 이용한 원자폭탄을 히틀러가 사용한다면 위험하다고 생각했다. 그래서 독일보다 먼저 원자폭탄을 만들었고 지금까지도 인류 전체를 위협할 수 있는 무기로 남아 있다. 과연 과학자들의 이러한 행동은 옳은 것일까? 일반 시민도 과학기술에 대한 판단력을 길러 나가야 한다. 그래야 앞으로 우리가 살아가는 세상이 좀 더 나은 세상이 될 테니 말이다.

차례를 보고 관심 있는 내용만 읽어도 된다

우리가 좋은 책을 고르는 데는 여러 가지 방법이 있다. 머리말을 읽어 보기도 하고, 책 표지와 추천사를 보기도 하고, 저자의 이력을 살펴보는 등 책에서 여러 가지 정보를 얻는다. 그 중 차례를 읽어 보는 것도 좋은 방법이다.

다음에 나오는 이 책의 차례를 보고 관심 있는 분야를 골라 읽어도 된다.

1장 지구를 지키는 독수리 오형제 기후 변화를 막는 거대 과학기술

2장 기후를 팝니다 기후회의

3장 행복한 무균 미니 돼지 동물실험

4장 사기꾼이 된 과학자와 혁명가가 된 과학자 과학자 연구 윤리

5장 별이의 아톰 열차 999 원자력 에너지

6장 만물이 살아 있다 유비쿼터스 세상

7장 아주 아주 작은 세상 나노 기술

8장 만능 해결사 줄기세포 줄기세포 연구

9장 유전자 조작의 유혹 유전자 조작 식품

10장 아낌없이 주는 태양 지속 가능 에너지

11장 오일릭과 림보뚜벅 느리게 살기

호기심을 자극하는
친숙한 구성

이 책은 각 장의 첫 시작을 흥미진진한 우화나 콩트로 시작해서 호기심을 자극한다. 과학 문제에 대해 동물들이 생각을 나누고 해결 방안을 토론하는 모습을 보여 줘서 독자의 관심을 끌고, 더 나아가 다양한 방향으로 생각해 보게끔 하는 실마리를 제공해 준다. 또한 글을 읽는 데 필요한 배경지식도 자연스럽게 전달해 독자들이 큰 어려움 없이 책을 읽을 수 있도록 도와준다. 다소 생소

한 과학 개념도 쉽게 이해할 수 있도록 자세한 설명을 덧붙이고 있다.

이 책은 한 가지의 정답을 강요하지 않는다. 예를 들어 동물실험을 둘러싸고 찬성과 반대의 의견이 분분하다. 현재 화장품을 개발하기 위한 동물실험은 금지법이 제정되어 있으나 의료 분야에서는 여전히 동물실험이 필요하다는 주장이 있다. 하지만 무균돼지를 생각해 보자. 무균돼지란 어떠한 바이러스나 세균에 감염되지 않은 돼지로, 장기를 인간에게 이식하기 위해 사육한다. 과연 무균돼지는 실험실에서 행복할까? 그리고 인간은 무균돼지로 건강을 되찾을 수 있을까?

이 책은 이런 식으로 각 장의 마지막에서 질문을 던져 다시 한번 그 주제에 대해 좀 더 깊이 있게 생각해 보게 히고 우리의 일상 속 과학의 가치를 고민하게 한다. 더 나아가 주제와 관련한 다른 자료들을 더 찾아보게끔 유도하기도 한다.

잠깐 멈춰
주위를 둘러보자

자동차를 타고 다닐 때는 보이지 않던 것들이 길을 걷다 보면 보일 때가 있다. 많은 사람이 자기 자신은 과학과 상관없는 일을 하고 있고, 과학을 알 필요가 없다고 생각한다. 과연 그럴까? 하루하루가 다르게 시대가 변해 가고 있다. 이러한 현대 과학기술은 혜택뿐 아니라 그로 인한 피해까지도 고스란히 우리에게 돌려 준다는 것을 잊지 말아야 한다. 잠시 자동차에서 내려 걸어 보는 것은 어떨까? 전에 보이지 않던 것들을 많이 볼 수 있을 것이다.

🔍 더 읽을거리

《김상욱의 과학공부》 김상욱 지음 | 동아시아

난이도: ★★★

과학과 인문학은 교양 앞에서 평등한가? 대부분의 사람이 과학을 교양으로 생각하지 않는다. 하지만 과학도 교양이다. 이 책은 단순히 과학 지식을 외우는 것이 아니라 과학의 본질과 과학적 사고방식에 대한 이해를 강조하고 있다. 과학이 우리 생활에 구체적으로 어떤 영향을 미치고 있는지를 쉽게 설명하고 있는 책이다.

《홍성욱의 STS, 과학을 경청하다》 홍성욱 지음 | 동아시아

난이도: ★★★★

이 책의 제목에 등장하는 STS는 'Science and Technology Society'의 약자다. 과학을 기술과 사회의 영역으로 확장시켜 보자는 것이 이 책의 핵심이다. 과학의 발전 과정을 단순한 지식의 진보가 아니라 사회현상과 관련지어 설명하고 있어 과학과 사회의 관계를 잘 보여 준다.

CBS TV 〈세상을 바꾸는 시간, 15분〉 제22회 '과학연구의 허와 실'

단국대학교 기생충학과의 서민 교수가 과학자들의 연구에 어떤 오류가 있는지를 다양한 분야의 실제 사례로 재미있게 설명한 방송 프로그램이다. 과학을 맹목적으로 믿어도 되는지에 대해 생각해 볼 수 있는 강연이다. 단 15분만 투자하면 된다.

《과학, 일시정지》독서 토론

혼자 책을 읽는 것도 좋지만 한 권의 책을 함께 읽고 의견을 나누는 활동도 중요하다. 토론을 통해 우리는 다양한 의견을 나누어 사고의 확장을 경험할 수 있고 책의 내용을 좀 더 깊이 있게 이해할 수 있으며 함께 소통하는 즐거움도 느낄 수 있다. 편협한 사고에서 벗어나 열린 마음을 가질 수 있다.

《과학, 일시정지》를 읽은 뒤 진행한 독서 토론 사례를 소개한다. 주제는 동물실험이다. 찬반 토론으로 진행하고 교사가 사회를 보았다. 물론 사회는 학생이 보아도 된다. 단 사회자의 역할을 미리 숙지해야 한다. 사회자는 논제를 안내하고 중립을 지키며 모든 사람이 골고루 말할 수 있도록 기회를 제공하는 등 올바른 토론이 이루어질 수 있도록 토론의 방향을 제시한다.

학생들은 미리 준비한 자료를 토대로 적극적으로 토론에 임했고, 찬성과 반대의 의견이 골고루 나뉘었다. 이때 자기 주장을 하느라 상대방의 의견을 잘 듣지 않기 쉽다. 찬반의 입장을 서로 바꿔 가며 양쪽의 의견을 모두 이해한 뒤 자신의 입장을 정리하면 합리적인 생각을 할 수 있다. 그래서 교사는 학생들이 양쪽의 의견이 모두 일리가 있다는 열린 마음을 가지면서도 자기 입장을 정리해 나갈 수 있도록 도와주는 것이 중요하다.

일시 : 201○년 1월 7일
장소 : ○○고 도서관
사회자 : 국어 교사 홍○○
토론자 : 김○○, 임○○, 정○○, 강○○
서기 : 안○○

홍○○: 오늘은 책의 내용 중 하나의 안건을 가지고 토론을 진행하겠습니다. '동물실험은 금지되어야 하는가?'라는 안건을 가지고 자신의 생각을 발표해 주시기 바랍니다.

김○○: 저는 동물실험을 금지해야 한다고 생각합니다. 매년 사용되는 실험동물의 수는 밝혀진 것만 5억 마리라고 합니다. 이것은 정말이지 비인간적인 행위입니다. 게다가 동물실험의 결과가 그대로 인간에게 적용되는 것도 아닙니다. 오늘날 인간과 동물이 공유하고 있는 질병은 겨우 1.16퍼센트밖에 되지 않습니다. 즉 동물에게 적용되는 것이 인간에게는 적용되지 않는 경우도 있습니다. 임산부가 동물실험으로 개발된 약을 먹고 기형아를 출산한 '탈리도마이드 사건'이 바로 그러한 예입니다.

임○○: 저는 동물실험이 필요하다고 생각합니다. 과학에서 실험 정신은 강조되어 왔습니다. 과거의 과학자들은 자기 몸에 실험을 할 정도로 경험적 관찰을 중요하게 생각해 왔습니다. 과학의 발전을 위해서라도 동물실험은 허용되어야 합니다.

정○○: 동물실험은 금지되어야 한다고 생각합니다. 동물실험이 동물 학대를 조장할 수 있습니다. 즉각 중단하고 대체 방안을 연구해 보아야 할 때입니다. 시체 부검 등의 다양한 방안을 대신 이용하고 동물실험을 이제 중단해야 합니다.

강○○: 동물실험은 허용되어야 한다고 생각합니다. 왜냐하면 동물실험을 통해 발명된 약도 많고 그것으로 생명을 구한 사람도 많습니다. 그리고 아직도 이를 간절하게 필요로 하는 사람들도 많이 있습니다. 이러한 사람들을 위해서라도 동물실험은 계속 되어야 합니다.

김○○: 동물실험 이외에 다른 대안들도 있습니다. 이 책의 80쪽을 보면 시체 부검, 임상실험, 세포 배양 등의 다양한 방법이 나옵니다. 또한 수학적 모델링을 통한 컴퓨터 시뮬레이션을 동물실험의 대안으로 삼을 수 있습니다.

임○○: 많은 대안이 있다고 했는데, 세포를 이용한 연구로 동물실험을 어느 정도는 대체할 수 있겠지만 인간은 하나의 생명체이므로 세포 단위의 실험이나 프로그램 따위로 정확한 실험 결과를 기대하기는 어렵습니다. 동물실험을 하는 이유는 동물과 인간의 신체 구조가 비슷하기 때문입니다. 이를 통해 보다 정확한 결과를 미리 알 수 있기 때문이죠.

정○○: 하지만 동물실험의 결과가 좋게 나왔다고 해서 꼭 인간에게도 똑같이 적용된다고는 보장할 수 없습니다.

강○○: 수학적 모델링과 시뮬레이션만으로 인간의 몸을 완전히 구현할 수는 없으며 문제점들을 밝혀낼 수도 없다고 생각합니다. 동물실험은 지금까지 많이 해왔고 얻은 게 많습니다. 그렇지 않았다면 지금까지 계속해서 동물실험을 해오지 않았겠죠. 앞으로도 과학은 발전할 것이고 다른 대안들도 생기겠지만 그때까지는 동물실험이 최선이라고 생각합니다.

정○○: 물론 동물실험은 예전부터 해왔지만 코흐의 가설도 이젠 철회되었고, 이러한 실험을 계속한다면 동물의 개체 수도 줄어들 것입니다. 과학이 조금 더 발전하면 다른 대안들도 많이 나올 것입니다. 이제 동물실험은 중단되어야 한다고 생각합니다.

임○○: 규제는 필요하다고 생각합니다. 정확하고 효율성 있는 실험을 위해 약간이 규제는 필요하겠죠. 하지만 세상에 공짜는 없습니다. 동물실험을 통해 1명의 생명이라도 구할 수 있다면 동물실험은 의미가 있다고 생각합니다.

김○○: 수학적 모델링 하나로 해결한다는 것이 아니라 여러 가지를 종합적으로 실험한다는 것입니다. 다른 대안들이 있음에도 불구하고 비효율적인 동물실험을 한다는 것은 문제가 있습니다.

홍○○: 지금까지 치열한 토론 잘 들었습니다. 생각보다 책을 꼼꼼하게 읽었다는 걸 알 수 있었고 더 나아가 이와 관련된 다른 책이나 자료들을 찾아보았다는 점에서 큰 의미가 있다고 생각합니다.

선조들의 과학을
올바르게
이해하고 싶다면?

우리 과학의 수수께끼

신동원 엮음 | 한겨레출판

난이도
★★★

#선조 #전통 과학 #친절한 가이드 #자유로운 과학 여행

#우리 과학 제대로 보기 #과학 민족주의

#장인과 과학기술의 만남

류수경 서울 내곡중 수학 교사

선조들의 과학기술과
만나는 시간

경주에 있는 다양한 유적지와 박물관을 보고 있으면 무척 놀랍다는 생각이 든다. 인간을 도와줄 기계도 없고 무거운 물건을 실어 나를 트럭도 없던 그때, 이런 아름다운 장신구와 웅장한 건물을 만들었다는 것이 참 신기하게 느껴진다.

이 작은 나라에서 '가장 뛰어난', '가장 오래된', '세계 최초의' 등의 수식어가 붙은 유적과 유물이 있다는 건 뿌듯한 일이다. 하지만 깊게 생각하다 보면 다음과 같은 의문도 생긴다. 한국의 과학 문명은 정말 뛰어난 것일까? 그렇게 뛰어나다면 근대 이후 우리는 왜 서양 문명의 뒤꽁무니만 쫓아 왔던 것일까? 학교교육이나 대중매체에서 애국심을 고취하기 위해 은연 중에 작전을 펼치는 것은 아닐까?

이 책《우리 과학의 수수께끼》는 한국 과학사에 대한 여러 가지 의문의 답을 찾기 위해 연구하고 토론한 내용을 엮은 것이다. 장영실이 만든 자격루, 정약용의 거중기를 사용해 지은 수원화성, 종소리가 나면 아기 울음소리가 함께 들린다는 에밀레종 등 우리가 익히 알고 있는 문화재에 대해 다양한 질문을 던진다. 자격루는 어떤 원리로 움직이는 것일까? 거중기가 수원화성을 짓는 데 얼마나 도움이 되었을까? 에밀레종의 소리에는 어떤 비밀이 숨어 있을까? 이 책을 읽는 학생들은 우리 선조들이 일구어 낸 과학과 만날 수 있다.

가이드와 함께 떠나지만
자유 여행도 가능한 책

이 여행에는 28명의 안내자가 함께한다. 바로 2004년 가을 학기에 카이스트에서 한국 과학사 수업을 들었던 학생들이다. 한국 과학사를 강의한 신동원 교수는 학생들의 과제물을 엮어 이 책을 만들었다. 그래서 이 책은 특별하다. 한국 과학의 역사에 대해 우리와 비슷한 수준으로 거의 아는 것이 없었던 학생들이 스스로 탐구 주제를 정하고 누구나 한번 생각해 보았을 질문을 던진다. '첨성대는 정말 세계에서 가장 오래된 천문대인가?', '에밀레종 소리가 세계 최고라고 하는데 과연 그럴까?', '고려청자가 조선의 백자보다 더 우수할까?', 《동의보감》의 의학 지식을 오늘날에도 그대로 적용해도 좋은가?' 등등. 책 제목처럼 재미있는 '수수께끼'가 많아서 독자들은 이 질문만 봐도 흥미를 느낄 것이다.

학생들은 자신만의 방식으로 질문을 해결해 나간다. 저자도 머리말에서 학생들의 배움과 생각을 무엇보다 우선시했다고 밝혔다. 그런 원칙은 책의 곳곳에서 찾을 수 있다. '에밀레종 소리가 세계 최고라고 하는데 과연 그럴까?'라는 질문의 답을 찾기 위해 학생들이 카이스트에 재학하는 한국인 학생 100명과 외국인 학생 30명을 대상으로 설문을 한 결과가 실려 있다.

학생들은 에밀레종, 보신각 종, 서양 교회의 종 등 세 가지 종의 소리를 녹음한 후 어느 종소리가 가장 좋은지를 묻는 설문을 진행했다. 철저한 조사도 아니고, 종소리를 과학적으로 분석하는 것도 아니지만 학생들의 고민과 노력이 고스란히 담겨 있다. 누군가 답을 알려 주기를 기다리는 것이 아니라 서툴러도 직접 답을 찾아가는 과정이 진정한 배움이다. 가끔 길을 잘못 들어 의외의 경관을 마주하는 것도 여행의 재미인 것처럼 말이다.

관광 가이드가 함께하는 여행은 편리하긴 하지만 왠지 자유로운 여행이 아쉬울 때가 있다. 가이드가 제시한 길 말고 나만의 길을 개척하고 싶은 마음. 이 책은 다양한 질문거리에 대해 독자 스스로 판단해 볼 수 있는 기회도 제공한다. 매 장의 마지막에 '사료로 읽은 ○○○ 이야기'라는 항목을 넣어 주제와 관련된 사료를 제시한다. 아직도 논란이 되는 '첨성대는 천문대일까?'에 대해 고려 시대에서 일제강점기까지 첨성대에 대한 사료를 제시함으로써 독자가 스스로 자신의 답을 찾을 기회를 마련한 것이다. 이 책을 읽는 학생도 가이드와 함께하는

여행만 따라가지 말고 각 장에 틈틈이 제공되는 자유 여행의 묘미를
충분히 느껴 보기를 바란다.

우리 과학에 대한
지식을 제대로 알기

우리는 한국 과학사를 얼마나 '제대로' 알
고 있을까? 다음 문장이 참인지 거짓인지 생각해 보자.

1. 에밀레종이 아이를 넣어 만들어졌다는 전설은 실제로도 그럴 가능성이
   높다.
2. 고려청자를 만드는 방법은 백자를 만드는 것보다 어려운 기술이다.
3. 장영실이 제작한 자격루는 세계 유일의 물시계다.
4. 허준은 《동의보감》 집필을 위해 실제 인체를 해부한 적이 있다.
5. 수원화성을 쌓는 데는 정약용의 거중기를 주로 사용했다.
6. 김정호의 《대동여지도》는 한 장짜리 지도다.

우리가 참이라고 알고 있는 위의 문장들은 모두 거짓이다. 우리 선
조의 과학이 우수하다는 점을 지나치게 강조하면서 생긴 오해들이다.
위의 문장 중에서 고려청자 부분을 살펴보자. 고려청자가 세계적으
로 주목을 받는 유물인 것은 분명하다. 하지만 그것을 통해 우리 과학

의 우수함을 부각해야 한다는 강박관념 때문에 근거가 부족한 주장들이 널리 퍼졌다. 예를 들어 '청자는 고려에만 있었다', '고려청자의 기술은 주변국의 영향을 받지 않았다', '상감기법은 우리의 독자적인 기법이다', '청자가 백자보다 우수하다' 등이 있다. 하지만 우리 조상은 중국의 영향을 받아 청자를 만들기 시작했으며 '상감기법'도 중국에서 넘어온 것으로 추측된다고 한다. 만일 이 사실을 제대로 알지 못한 채 중국인을 만나 고려청자에 대한 잘못된 정보를 떠들었다면 무척 부끄러웠을 것이다.

그렇다고 우리의 과학기술을 낮추어 볼 필요도 없다. 중국의 영향을 받아 시작했지만 고려인은 우리 땅에서 난 흙과 독자적인 기술을 이용해 비취옥과 비슷한 고유의 아름다운 색을 만들어 냈다. 상감기법도 중국에서는 금속공예에 사용하던 기법을 우리가 도자기에 적용한 것이다. 과학기술의 수준을 논하는 것은 크게 중요하지 않다. 정말 중요한 것은 우리 선조가 어떻게 이런 아름다운 작품을 만들 수 있었는지 그 원리를 아는 것이다. 그리고 그것이 현재에 남기는 의미와 가치에 대해 생각하는 것이다.

과거에는 일부러 우리 선조의 과학기술이 우수하다는 것을 부각하려고 노력했다. 강대국들 틈에서 우리 민족의 통합을 위해 빛나는 전통을 발굴하는 것이 중요했기 때문이다. 그런 과정에서 선조의 과학기술이 지나치게 과장되거나 왜곡된 면이 생긴 것이다. 그런데 이제는 한국 사회도 선진국과 어깨를 견줄 수 있을 정도로 성장했다. 그래서 과거의 과학기술을 맹목적으로 추켜세우는 과학 민족주의에서 벗어날 때가 된 것이다.

학자와 장인의 노력 엿보기

장영실이 세종대왕의 명을 받아 만든 물시계 자격루는 현재 전해지지 않는다. 우리가 덕수궁에서 보는 자격루는 중종 31년1536년에 개량한 것으로 그것마저도 온전히 남아 있지 않다. 물을 흘러 보내고 받는 부분만 남아 있고 시간마다 니외 북을 치는 '자격' 부분이 없다. 학생들은 자격루의 옛 모습을 조사하기 위해 전문 연구팀을 찾아갔다. 연구팀은《보루각기》라는 옛 문헌을 바탕으로 자격루의 구조와 작동 원리를 밝히고 복원 작업을 진행하고 있었다. 이 책은 그들의 연구 과정을 자세히 소개한다. 이처럼 학생들은 전문가들을 직접 만나 조사의 전문성과 독창성을 높일 수 있었다. 끊임없이 의문을 가지고 그 답을 찾아가는 과정, 여러 가지 가설을 세우고 하나씩 검증해 가는 과정을 통해 지식이 만들어지는 과정까지 이 책에 들어 있다.

이 책을 읽으면서 전통 장인의 새로운 모습도 엿볼 수 있다. 복원가들은 과거의 전통 기술에만 얽매이지 않고 현대 과학기술을 수용하는 모습을 보인다. 예를 들어 종을 제작하기 전에 음향공학 전문가들과 협업을 진행한다. 컴퓨터 시뮬레이션 작업으로 미리 소리를 예측해 보면서 종을 복원한다. 전통의 복원을 위해 현대 과학 분야의 전문가들과 협업하고 의견을 나누는 모습을 보면서 우리가 흔히 생각하는 전통을 지키는 분들에 대한 편견을 깰 수 있다.

어렵지만 꼭 알아야 할
과거의 과학 발자취

이 책은 과학 원리를 설명하는 대목의 비중이 크고 옛 문헌 속에는 한자어도 많아 읽기에 어려움을 느낄 수 있다. 하지만 일반적인 독자의 수준에 맞추기 위해 최대한 쉬운 설명과 이해를 돕는 자료가 충실하게 실려 있다. 특히 '수원화성' 편은 당시 다른 나라에서 수원화성을 침략하려고 계획을 세운다는 가상 시나리오 형식이어서 재미있게 읽히면서도 화성의 구조와 장점을 쉽게 파악할 수 있다.

사실 책의 내용이 다소 어렵더라도 역사적 사실과 함께 그 속에 숨어 있는 조상의 지혜를 살펴보는 것은 매우 중요한 일이다. 우리는 선조의 지혜 덕분에 조금 더 나은 세상에서 살고 있기 때문이다.

이 책을 읽으면 진정한 배움의 과정을 따라갈 수 있다. 이 책의 내용에 만족하지 못하는 학생이 있다면 자신이 연구해서 더 쉽고, 더 깊이 있는 책을 써 보겠다고 다짐해 봐도 좋겠다.

　이 책은 전통 과학을 둘러싼 수수께끼에 의문을 품으며 시작한다. 이 책을 읽는 학생들도 수수께끼를 풀어 보자. 평소에 의심만 품고 지나쳤던 것들을 깊게 생각하고, 여러 가지 질문을 구체적으로 던져 보고, 답을 찾아가는 여행을 시작해 보자.

🔍 **더 읽을거리**

《한국의 문기》 최준식 지음 | 소나무

난이도: ★★★★

우리 과학의 역사에 대해 알았다면 이번에는 문화 유물에 대해 알아보자. 우리나라 역사에는 정교하고 세련된 문물이 아주 많다. 저자는 이렇게 세련된 우리 문화의 기운을 '문기文氣'라고 표현하면서 열정적으로 그 우수성에 대해 설명하고 있다. 문기의 근거로 뛰어난 문자의 발명, 출판, 인쇄 문화의 괄목할 성장, 기록을 중시하는 정신, 역사나 문화를 공정하게 보존하려는 수준 높은 의식 등을 꼽는다. 이 책에는 우리나라에 대한 강한 자부심과 애정이 드러난다. 구어체의 쉬운 설명이 《우리 과학의 수수께끼》와는 다르게 느껴질 수 있지만 저자의 해박한 지식에 탄복하게 하는 책이다.

생각을 키우는 독서 활동

KWL 읽기 전략 활용하기

KWL이란 알고 있는 것Knowledge, 알고 싶은 것Want to know, 알게 된 것Learned의 줄임말이다. KWL 읽기 전략을 활용하면 이 책의 내용을 깊이 있게 이해하는 데 도움이 될 것이다.

《우리 과학의 수수께끼》를 읽기 전에 우리 선조의 과학기술에 대해 알고 있는 것을 모두 적는다. 그리고 앞으로 책을 읽으면서 알고 싶은 것이 무엇인지 적는다. 이런 과정에서 학생들은 자신의 배경지식을 모두 동원해 내용을 예측해 볼 수 있다.

다음으로 책을 읽은 후에 새롭게 알게 된 사실을 정리한다. 이때 자신이 알고 있었던 사실 중에 잘못된 것은 없는지 확인해 볼 수도 있다. 이런 과정을 통해 능동적인 읽기가 가능해진다.

책을 다 읽고 나서 이 활동을 해도 좋지만 각 장을 읽을 때마다 조금씩 진행할 수도 있다. 이 책은 각 장이 독립적이므로 책을 처음부터 끝까지 읽지 않아도 된다. 그리고 전체 분량을 읽기에 부담되거나 읽기 수준이 또래 학생에 비해 떨어진다면 1개의 장만 읽으면서 이 활동을 해도 좋다.

복잡한 일상을
과학으로 명쾌하게
풀고 싶다면?

정재승의 과학 콘서트

정재승 지음 | 어크로스

난이도
★★★

#과학 #콘서트 #일상생활 #복잡한 사회 #명쾌한 해석

#재기발랄한 소제목 #고정관념을 깨다

#세상의 이치를 깨닫다 #과학자의 열정

조영수 서울 창문여중 국어 교사

복잡한 문제의
해법 찾기

'케빈 베이컨의 6단계Six degrees of Kevin Bacon' 라는 게임이 있다. 케빈 베이컨은 여러 영화에서 개성적인 연기를 보여 준 미국의 연기파 배우다. 이 게임은 케빈 베이컨과 다른 영화배우의 관계를 찾아내는 놀이다. 예를 들어 케빈 베이컨은 톰 크루즈와 〈어 퓨 굿 맨〉이란 영화에 출연했다. 톰 크루즈는 〈나잇 앤 데이〉라는 영화에서 카메론 디아즈와 함께 연기했다. 따라서 케빈 베이컨과 카메론 디아즈는 두 단계만을 거쳐서 서로 연결되는 셈이다.

과학자들은 이 놀이를 통해 놀라운 사실을 발견한다. 바로 전 세계 모든 사람이 최대 여섯 단계만 거치면 서로 만날 수 있다는 것이다. 그만큼 우리는 촘촘한 그물망처럼 얼키설키 관계를 맺으며 살아간다는 말이다.

이처럼 과학자들은 우리 주변에서 복잡하게 보이는 문제를 단순하고 명쾌하게 해석하려고 노력한다. 복잡한 세상 속에서 일정한 법칙을 찾고자 연구를 거듭하고 있는 것이다. 이런 내용을 담고 있는 책이 바로 《정재승의 과학 콘서트》다.

재기발랄한
소제목의 향연

차례를 살펴보자. '과학'과 '콘서트'란 낱말을 합친 책 제목처럼 네 가지 '악장'으로 구성되어 있다. 각 장의 제목도 '느리게 Andante', '빠르게 Allegro'처럼 음악 용어를 사용하고 있다. 과학과 음악의 만남이라는 구성이 독특해서 호기심을 자극한다.

소제목도 흥미롭다. '방청객은 왜 모두 여자일까?', '복잡한 도로에선 차선을 바꾸지 마라', '산타클로스가 하루 만에 돌기엔 너무 거대한 지구' 등등. 학생들의 호기심을 자극할 만한 재기발랄한 주제들이 보인다. 차례를 유심히 살펴보는 과정은 이 책의 매력에 흠뻑 빠질 수 있는 지름길이다.

고정관념을
깨다

이 책에 나오는 내용을 기반으로 몇 가지 질문을 만들었다. 다음 세 가지 문장은 참일까, 거짓일까?

1. 진시황이 건설한 만리장성은 달에서도 보이는 유일한 인공 건축물이다.

2. 인간은 죽을 때까지 뇌의 10퍼센트도 채 못 쓰고 죽는다.

3. 정상적인 사람의 심장박동의 간격은 불규칙하다.

1번과 2번은 우리가 한 번쯤 들어 본 이야기다. 1번은 만리장성이 인간이 만든 위대한 건축물이라는 점을 강조할 때 흔히 하는 말이다. 2번은 인간의 뇌가 발전 가능성이 무한하다는 점을 강조할 때 쓴다. 천재라 일컬어지는 과학자 아인슈타인도 자신의 뇌가 지닌 능력의 15퍼센트만 썼다는 말도 있다. 과연 1번과 2번은 사실일까?

1번은 거짓이다. 달에 훨씬 못 미치는 거리에서도 지구상의 인공 건축물은 우주에서 전혀 보이지 않는다. 그러므로 달에서 만리장성은 보이지 않는다. 2번 역시 거짓이다. 인간은 일상생활에서 뇌 전체를 골고루 사용한다. 아인슈타인의 뇌도 예외는 아니다.

우리가 사실이라고 믿었던 과학적 지식이 모두 거짓인 셈이다. 대부분의 학생이 거짓을 사실로 알고 있었다. 우리가 잘못된 고정관념에 사로잡혀 있다는 말이다.

그렇다면 3번은 사실일까, 거짓일까? 정상적인 사람의 심장박동 간격이 매우 규칙적일 것이라고 생각하기 쉽다. 그런데 실제로는 그렇지 않다. 건강한 심장은 혈액 공급이 원활하지 못하면 알아서 뛰는 간격을 좁혀 혈액 공급량을 늘린다. 여러 가지 상황에 심장이 적절하게 대처하는 것이다. 오히려 건강하지 않은 심장의 박동 간격이 상당히 규칙적이라고 한다. 혈액 공급이 필요한 상황에서도 심장이 빨리 뛰지 못한다는 것이다. 이러한 사실을 알면 우리 몸이 더욱 더 신비롭게 느껴진다.

책을 읽는 이유는 여러 가지가 있다. 그중 하나가 새로운 사실을 깨닫는 즐거움이다. 특히 과학책은 우리가 알지 못하는 새로운 사실을 보여 줄 때가 많다. 이 책도 그런 즐거움을 준다.

어떤 사람은 이 책을 읽으면서 상식이라고 믿어 온 사실이 한순간에 깨졌다는 점에 불편함을 느낄지도 모른다. 그러나 새가 알을 깨고 태어나면서 새로운 세상과 만나는 것처럼 우리도 고정관념의 껍질을 깨야 새로운 세상으로 나아갈 수 있다. 이 책은 새로운 세상으로 학생들을 안내할 수 있다는 점에서 그 가치가 크다.

세상을 사는
지혜를 배운다

마트 계산대나 현금인출기 앞에 여러 줄로 길게 늘어선 사람들을 보며 어느 줄에 설까 한 번쯤 고민한 적이 있을 것이다. 그런데 내가 선 줄이 아니라 꼭 다른 줄이 먼저 줄어든다. 그러면서 내가 한 선택에 후회할 때가 있다. 그 이유를 이 책의 저자는 확률의 개념으로 명확하게 답한다.

내 줄이 줄어들 확률은 1/계산대의 개수다. 계산대가 12개라면 내가 선 줄이 줄어들 확률은 평균적으로 12분의 1이라는 뜻이다. 따라서 다른 줄이 줄어들 확률은 12분의 11이다. 다른 줄이 줄어들 확률이 훨씬 높은 셈이다. 내 줄이 빨리 줄어들면 그야말로 운이 좋다는 뜻이다. 이런 확률의 법칙은 계산대에서만 적용되는 것이 아니다. 일상생활에서도 이것을 응용하여 사고할 수 있다.

학기 초가 되면 담임으로서 학생을 만나기 두려울 때가 가끔 있다. 지난해 학생들이 나를 호되게 괴롭힌 경험이 있다면 더욱 그렇다. 담임의 말에 귀를 기울이고 학급 친구들끼리 잘 뭉치며 늘 밝고 건강한 웃음을 잃지 않는 학생이 우리 반으로 배정되기를 늘 꿈꾼다. 한 달이 지나면 이런 꿈은 여지없이 깨질 때가 많지만.

과연 담임교사가 모범생을 만날 확률은 얼마나 될까? 여러 가지 변수가 있겠지만 아주 단순하게 다음과 같이 가정해 보자. 모범생 10명, 모범적이지 않은 학생 10명이 있다. 그리고 한 학년은 5개 학급이고, 나는 그중 한 학급의 담임교사다. 그렇다면 내게 모범생과 모범적이지 않은 학생이 어떻게 배정될 수 있을까? 아마 평균적으로 2명의 모범생과 2명의 모범적이지 않은 학생이 배정될 것이다.

이 결과를 이렇게 생각해 볼 수 있다. 평균적으로 봤을 때 모범생과 만날 수 있는 확률은 100퍼센트에 가깝다. 또 반대로 모범적이지 않은 학생을 만날 확률도 100퍼센트에 가깝다. 한 학급은 모범생과 모범적이지 않은 학생이 모두 있기 마련이다. 다만 모범적이지 않은 학생이 더 크게 보일 뿐이다. 좋은 것보다 나쁜 것이 더 잘 보인다는 말처럼 말이다.

'머피의 법칙'이란 말이 있다. 하려는 일이 원하지 않는 방향으로만 진행되는 경우를 일컫는 말이다. 생각해 보면 자신이 원하는 대로 일이 되지 않을 때가 많다. 앞에서 설명한 마트 계산대에서처럼 말이다. 이 책에서 저자는 우리가 세상에 너무 무리한 것을 요구하는 것이 아닌가 의문을 던진다. 확률적으로 잘 되지 않는 일을 나만 안 되는 것처럼 느끼는 것이다. 따라서 지금 우리에게 주어진 것에 충실하며 적당히 만족할 때도 있어야 한다. 이 책을 살펴보면서 세상을 새롭게 바라볼 수 있다. 그런 과정에서 우리는 세상을 사는 지혜도 배울 수 있다.

복잡한 일상을 해석하는 여행은
아직도 진행 중

요즘에는 일상생활 속에 숨어 있는 과학적 사실을 소개하는 책이 상당히 많다. 얼핏 봤을 때 《정재승의 과학 콘서트》는 그런 책과 별 차이가 없어 보인다. 그런데 이 책은 초판이 출간된 지 벌써 10년이 넘었다. 오랜 시간이 지난 후에도 여전히 책의 인지도가 높고 시대에 뒤쳐진다는 느낌이 들지 않는다. 왜 그런 것일까? 그만큼 세상을 바라보는 저자의 뛰어난 시각이 돋보인다고 하겠다. 또한 멋진 글솜씨도 이 책의 가치를 높인다. 글을 읽는 재미가 없다면 그 책은 오래 살아남기가 힘들다. 게다가 세상을 향한 그의 과학적 열정이 이 책에 고스란히 묻어 있다.

저자는 과학 공부를 하면서 세상으로부터 격리된 것 같은 일종의 소외감을 느꼈다고 머리말에서 고백한다. 그런 소외감에 맞서기 위해서 복잡한 사회현상을 분석하는 학문에 관심을 가졌을 것이다. 그래서 이 책이 탄생했다. 그 덕분에 우리는 좋은 과학책 한 권과 만나고 있다.

마지막 장 제목은 '10년 늦은 커튼콜'이다. 책이 출간된 후 10년 동안 과학계에서 이루어진 성과를 간단히 짚어 보고 있다. 저자는 10년 뒤 다시 쓸 '20년 늦은 커튼콜'에서 향후 10년의 성과가 덧붙여질 것이라 말한다. 이는 그의 과학적 열정이 여전히 식지 않았다는 것을 뜻한다.

이 책을 읽는 학생들도 복잡한 일상을 과학적으로 풀어가는 그의 여행을 계속 따라가기를 바란다.

《과학, 10월의 하늘을 날다》 김탁환, 김택진 외 지음 | 청어람미디어

난이도: ★★

이 책은 '10월의 하늘'이라는 과학 강연 나눔 행사 내용을 묶어 만들었다. 이 강연은 과학을 접할 기회가 적은 청소년을 대상으로 전국 도서관에서 열린다. 그래서 이 책에서 정재승 교수뿐만 아니라 여러 강연자의 생생한 목소리와 만날 수 있다. 과학자를 꿈꾸는 학생에게 추천하고 싶은 책이다.

생각을 키우는 독서 활동

가장 흥미로운 장을 소개하기

《정재승의 과학 콘서트》의 각 장은 독립적이다. 어느 부분을 먼저 읽어도 무방하다. 이런 구성을 잘 살펴서 가장 관심 있는 주제를 찾아보는 활동을 진행할 수 있다. 학생들은 차례를 살펴보면서 먼저 읽고 싶은 부분을 정할 수 있다. 그런 다음에 그 이유를 친구들에게 소개한다. 또는 가장 많은 친구가 선택한 장을 함께 읽을 수 있다.

학생들이 책을 다 읽은 후에 가장 재미있게 읽은 내용이 무엇인지 설명하는 활동도 가능하다. 책을 읽은 뒤 모둠별로 가장 관심 있게 본 장을 소개하거나 가장 흥미로웠던 부분이 어디인지 투표 형식으로 정할 수 있다.

책 제목의 뜻을 생각해 보기

책을 읽기 전이나 읽은 뒤에 학생들과 함께 제목의 뜻을 생각해 보는 활동을 진행할 수 있다.《정재승의 과학 콘서트》도 이런 활동을 하기 좋은 책이다. 요즘은 음악에만 사용하던 '콘서트'라는 개념을 북 콘서트, 토크 콘서트 등의 다양한 행사에서 활용하지만 과학과 콘서트는 쉽게 연결 고리를 찾기가 어렵다.

먼저 '과학'과 '콘서트' 하면 떠오르는 것에 대해 각자 발표한다. 학생들이 부담 없이 발표하도록 이끄는 방법으로 '번개 발표' 방식을 추천한다. 번개 발표란 주어진 주제에 대해 번개처럼 빠르게 대답하는 방법이다. 생각이 떠오르지 않는 학생은 '통과'를 외치면 된다. 다만 다음에 지목받은 학생은 꼭 대답해야 한다. 이런 식으로 학생의 발표를 이끈다. 이런 활동을 하며 과학과 콘서트의 공통점을 유추해 보고, 서로 어울리지 않는 2개의 단어를 엮은 저자의 의도를 생각해 본다. 학생들의 답이 다소 엉뚱하더라도 인정해 주면서 모두 자유롭게 참여할 수 있는 분위기를 만들어 준다.

종이가
친환경적이라고
생각한다면?

난이도
★★★

종이로 사라지는 숲 이야기

맨디 하기스 지음, 이경아 외 옮김 | 상상의숲

#종이 #화학 #사라지는 숲 #종이의 문제점 #친환경

#종이 사용을 줄이려면 #지구 온난화 #자연 파괴

#자연 보호

홍승강 서울 환일고 국어 교사

현실에도 만연한
원시림 파괴

영화 〈아바타〉에 나오는 판도라 행성에는 거대한 나무들로 뒤덮인 원시의 숲이 있다. 이곳에서 밤이 되면 뿜어져 나오는 다양한 생명체의 빛은 신비롭고 황홀하기까지 하다. 영화에서 인간은 더 이상 자원이 남지 않은 지구를 떠나 판도라 행성으로 향한다. 그리고 에너지를 얻기 위해 무차별 공격을 실시해 아름다운 자연을 파괴한다. 판도라 행성의 원주민인 나비족은 터전을 잃어가지만 인간들은 조금의 죄의식도 없다.

이런 마음 아픈 일들이 현실에서도 일어난다면 생각만 해도 끔찍하다. 그런데《종이로 사라지는 숲 이야기》에 따르면 아름다운 숲이 송두리째 사라지는 비극은 영화에만 나오는 이야기가 아니다. 이 책의 저자는 인간이 종이를 생산하면서 얼마나 많은 자연을 파괴하고 있는지 고발한다. 우리가 일상에서 흔히 쓰는 종이가 대체 어떤 문제를 일으키고 있을까?

잠깐만 주위를 둘러보자. 교과서부터 공책, 복사 용지, 휴지, 달력, 키친타월, 포장지, 상자, 광고지, 영수증까지. 우리는 늘 종이와 함께 살고 있다. 종이가 없는 세상은 상상하기도 어렵다.

물론 우리 주변에는 플라스틱 제품도 많다. 플라스틱이 환경오염의 주범이라는 사실은 잘 알려져 있어서 사용을 줄여야 한다고 모두들 목소리를 높인다. 하지만 종이에 대해서는 신기할 정도로 너무 관대하다. 그 이유는 무엇일까? 플라스틱과 달리 종이는 나무로 만들어지니 자연적이고 친환경적일 것이라는 막연한 기대 때문이다. 과연 그럴까? 이것이 바로 이 책이 우리에게 전하는 가장 큰 메시지다.

우리가 쓰는 많은 종이는 어디서 온 걸까? 그리고 종이는 정말 친환경적일까? 이 책은 이런 질문에서 출발한다. 종이가 우리 곁에 오기까지의 과정을 추적해 경각심을 느끼게 해준다.

종이 사용의 심각성

종이는 환경을 얼마큼 파괴하고 있을까? 이 책에 나오는 통계만 봐도 무시무시한 공포가 밀려온다. 전 세계의 하루 종이 사용량은 무려 100만 톤이다. 킬로그램으로 환산하면 10억 킬로그램이다. 우리가 사용하는 A4용지의 무게는 겨우 5그램 정도다. 얼마나 어마어마한 수치인지 실감할 수 있다. 100만 톤의 종이를 두루마리 휴지로 바꾸어 쭉 이어 보면 달까지 무려 200번이나 왕복할 수 있다.

이 종이를 만들기 위해서는 많은 물이 필요하다. 1톤의 종이를 만들려면 4만 리터의 물이 필요하다고 한다. 100만 톤의 종이를 생산하려면 400억 리터의 물이 필요한 셈이다.

종이를 만들려면 펄프도 필요하니 나무를 베어야 한다. 100만 톤의 종이를 만들려면 1,200만 그루의 나무가 필요하다. 쉽게 말해 하루 1,200만 그루의 나무가 사라지는 것이다.

우리나라 통계 자료를 찾아보아도 크게 다르지 않다. YTN사이언스에서 보도한 '우리나라는 종이 생산을 위해 연간 1억 그루의 나무를 벤다?'라는 제목의 뉴스에 따르면 우리나라의 1년 종이 사용량은 무려 800만 톤이다. 하루에 2만 톤의 종이를 사용하고 있는 셈이다. 종이 1톤을 만들기 위해서는 30년생 나무 열일곱 그루가 필요하다. 그럼 1년 동안 사용하는 종이를 생산하기 위해서는 30년생 나무 몇 그루가 필요할까? 30년이라는 긴 시간을 자라온 나무 1억 그루가 필요하다. 이를 환산해 보면 하루에 30년생 나무 27만 그루가 사라지고 있는 셈이다.

1억 그루의 나무를 30년 동안 다시 키우려면 얼마나 오랜 시간이 필요할까?

종이는
친환경적일까?

컴퓨터의 등장으로 종이의 사용량이 줄 것 이라는 사람들의 예상은 확실하게 빗나갔다. 프린터가 있어서 오히려 예전보다 종이를 더 많이 쓴다. 그래서 제지 회사들은 큰 이익을 얻고 규모가 커졌다. 그리고 제지 회사의 성장으로 종이를 만드는 공장도 많아져 지구 온난화의 주범으로 등장하기 시작했다. 온실가스 배출량이 높은 산업으로 제지업이 화학, 철강에 이어 3위일 정도다.

이 책의 저자는 '종이가 정말 친환경적일까?'라는 의문을 품고 제지 회사를 찾아가 종이의 원료인 펄프를 만드는 공장을 살펴본다. 실제로 숲 속에 가서 나무들이 베어지는 장면을 목격하고 경악을 금치 못한다. 이 책은 종이가 절대 친환경적이지 않다는 사실을 강조한다.

제지 회사의 전략은 간단하다. 지구의 허파라고 할 수 있는 원시림을 싼값에 사서 나무를 베어 낸다. 그리고 펄프를 많이 생산할 수 있는 아카시아나무 농장으로 만든다. 이때 여러 가지 문제가 생긴다.

먼저 원주민의 생활 터전이 사라진다. 고무를 채취하던 원주민은 영화 〈아바타〉의 나비족처럼 속수무책으로 거대한 제지 회사의 압박에 숲을 내줄 수밖에 없다. 지금도 원주민들은 원시림을 훼손하는 회사에 맞서는 힘겨운 싸움을 하고 있다. 수천 년 동안 자라온 나무를 베는 데는 단 몇 분밖에 걸리지 않는다. 나무가 사라진 숲이 다시 원래 모습으로 돌아가는 것은 거의 불가능하다.

제지 회사들은 철저하게 보안대까지 두면서 나무 농장이 일으키는 문제들을 철저하게 봉쇄해 왔다. 심지어 총기를 써서 원주민을 협박하기까지 했다. 이렇게 인권 문제도 생겨난다. 그럼에도 정부는 자연 파괴에 큰 관심을 가지고 있지 않다. 각자의 이익을 챙길 뿐이다. 어쩌면 나만 손해 보지 않으면 된다는 이기적인 태도가 가장 큰 문제가 아닐까 생각해 본다.

당연히 생태계에도 문제가 생긴다. 원시림이 사라지고 아카시아나무 농장이 들어서면 곤충들이 살아갈 수 없다. 아카시아나무의 독성으로 흙이 변질되기 때문이다. 곤충이 사라지면 먹이사슬에 문제가 생겨 새들도 사라진다. 설령 나무 농장에 새가 남아 있다고 해도 농장에 고용된 포수가 그 새를 찾아 없애 버린다. 생각만 해도 끔찍하다.

그뿐만이 아니다. 나무 농장의 나무들이 자라려면 막대한 양의 물이 필요하다. 그러면 나무 농장 주변의 호수들이 메마를 것이고, 물고기가 죽어갈 것이다. 여기에 제지 공장까지 세워지면 온실가스와 폐수를 만들어 지구 환경에 악영향을 끼칠 것이다. 실제로 칠레의 제지 공장에서 폐수 처리 시설을 제대로 하지 않아 근처 호수에 살던 백조 5,000여 마리가 죽은 사례가 있다.

인간만이
자연을 파괴한다

지구상의 그 어떤 생물도 자신의 서식 공간을 파괴하거나 훼손하지 않는다. 하지만 인간은 수많은 생명체 중 유일하게 자연을 파괴하는 존재다. 삶을 윤택하게 해주는 제품을 만든다는 명목으로 생존에 필요한 여러 가지 물질을 생성해 내는 숲을 되레 파괴하고 있다. 심각하게 생각해 볼 문제다. 나무가 아닌 다른 대체 재료가 필요하다. 식물로 종이를 만드는 기술을 발전시키고 기존의 종이도 최대한 재활용해야 한다. 이렇게 해야 지구의 허파인 숲을 유지해 나갈 수 있을 것이다.

만약 지금처럼 하루에 여의도 면적만큼의 숲이 사라진다면 미래의 우리는 숨 쉬기조차 힘들어질지 모른다. 생각만 해도 끔찍하다.

종이 사용에 대한
경각심이 필요하다

이 책에 나오는 이야기를 수업 시간에 해주면 아이들은 경악을 금치 못한다. 아무렇지도 않게 쓰는 종이 한 장, 종이컵 하나를 만들기 위해 원시림이 사라지고 있다는 사실에 아이들도 굉장히 놀란다.

아직 희망은 있다. 지금 우리 곁에 있는 종이를 조금씩 아껴 쓰고 재활용하는 것이다. 우리 교실에서, 가정에서, 회사에서 당장 시작할 수 있다. 재생 종이는 원시림을 살릴 수 있고, 지구 환경을 지킬 수 있다. 종이를 아예 안 쓰고 살 수는 없겠지만 조금씩 사용량을 줄이거나 재활용할 수는 있을 것이다. 재생 종이로 만들어진 이 책이 그 출발점이 되길 바란다.

🔍 더 읽을거리

《플라스티키, 바다를 구해줘》 데이비드 드 로스차일드 지음, 우진하 옮김 | 북로드

난이도: ★

바다 쓰레기로 인해 매년 100만 마리의 바다새와 10만 마리의 해양 포유류가 죽어 가고 있다. 지구 면적의 72퍼센트를 차지하고 있는 바다가 인간이 만들어 낸 쓰레기로 몸살을 앓고 있다. 저자는 이러한 인간의 이기적인 행동을 당장 막아야 한다는 신념을 알리기 위해 플라스틱으로 만든 배에 몸을 맡긴 채 태평양 바다로 떠난다.

《똥으로 종이를 만드는 코끼리 아저씨》 투시타 라나싱헤 글, 로샨 마르티스 그림, 류장현,
조창준 옮김 | 책공장더불어

난이도: ★

나무가 아닌 다른 재료로 종이를 만들 수 있다면, 그것이 친환경적이고 지속 가능한 것이라면 얼마나 좋을까? 이런 문제를 해결해 줄 대안으로 코끼리 배설물로 만든 종이가 탄생했다.이 책은 코끼리 똥으로 종이를 만들어 코끼리와 평화롭게 공존하는 방법을 실현한 사회적 기업 막시무스의 이야기다. 이 책의 종이도 코끼리 똥으로 만든 재생 종이다.

《침묵의 봄》 레이첼 카슨 지음, 김은령 옮김 | 에코리브로

난이도: ★★★★

새들의 노랫소리가 없는 봄. 저자 레이첼 카슨은 이미 오래전부터 과학의 발전이 가져올 공포를 우리에게 알려 주었다. 대부분의 사람이 그 목소리에 귀 기울이지 않고 있다가 이제야 조금씩 관심을 갖기 시작했다. 1962년 출간된 이 책의 경고가 지금 하나씩 현실이 되어가고 있다. 지금 우리가 무엇을 해야 할지 진지하게 고민해 보아야 한다.

《육식의 종말》 제레미 리프킨 지음, 신현승 옮김 | 시공사

난이도: ★★★★★

우리가 즐겨 먹는 햄버거를 만들기 위해 숲이 점점 사라지고 있다. 전혀 상관없어 보이는 햄버거와 숲의 밀접한 관계를 잘 보여 주는 책이다. 이뿐만 아니라 버팔로의 멸종, 아메리카 원주민들의 피해 등 우리가 깊이 있게 생각하지 못한 불편한 진실을 잘 알려 주는 책이다. 이 책은 마음을 불편하게 하지만 분명 우리가 알아야 할 숨겨진 진실들을 알려 준다.

생각을 키우는 독서 활동

브레인스토밍으로 생각 나누기

브레인스토밍은 각자의 생각을 떠오르는 대로 마음껏 펼쳐 정보의 양을 최대화하는 연습이다. 이는 마치 진주조개를 찾는 과정과 같다. 진주조개라고 해서 모두 진주를 갖고 있지는 않다. 그래서 일단 바다에 진주조개가 보이는 대로 모은 다음 육지에 올라와서 진주가 있는지 확인한다. 바닷속에서 일일이 확인하는 것보다 훨씬 더 효율적이다. 브레인스토밍도 마찬가지다. 최대한 많은 생각을 나눈 다음 그중 좋은 의견을 골라낸다. 생각의 가짓수를 늘려 질을 높이는 방법인 것이다. 브레인스토밍은 글쓰기에도 매우 유용한 도구이며 창의력의 기초가 된다. 학생들도 아주 좋아하는 시간이다. 언제 이렇게 마음껏 자신의 생각을 표현해 보겠는가?

'종이 사용을 줄이는 방법'에 대해 브레인스토밍을 해본다. 다만 자유로운 브레인스토밍 시간에도 꼭 지켜야 할 세 가지 원칙이 있다.

1. 아이디어를 떠오르는 대로 바로 말한다.

2. 다른 사람의 생각을 비판해선 안 된다.

3. 양이 질을 만든다. 좀 더 좋은 의견들을 모아 본다.

'종이책은 과연 사라질까?' 자유롭게 토론하기

전자책의 등장으로 종이책이 금방 사라질 것이라는 예측이 있었지만 아직까지 종이책을 보는 사람들이 많다. 반면 종이 신문을 보는 사람은 많지 않다. 만화책보다는 웹툰을 더 많이 본다. 앞으로 책은 어떻게 될까? 종이 사용을 줄이기 위해서라면 전자책을 보는 것도 좋을 듯하다. 종이책과 전자책의 장점과 단점을 모둠원들과 함께 생각해 보고 발표해 본다.

가슴을 뛰게 하는
마법 같은 현실과
만나고 싶다면?

현실, 그 가슴 뛰는 마법

리처드 도킨스 지음, 데이브 매킨 그림, 김명남 옮김 | 김영사

난이도
★★★

#현실 #마법 #진화론 #멋진 그림 #화보집

#적절한 비유 #다시 보게 되는 머리말 #신화와 과학

#관찰의 힘 #과학 입문서

조영수 서울 창문여중 국어 교사

과학책과
어울리지 않는 제목?

중학교에 갓 들어온 학생들에게 '입학' 하면 떠오르는 것이 무엇인지 물어보면 교복, 새로운 친구, 선생님, 늘어난 수업 시간, 두려움, 설렘 등 여러 가지 대답이 나온다. 새로운 시작은 지금까지 경험하지 못한 낯선 세계로 들어가는 것이기에 두려운 일이다. 또 한편으로 우리를 설레게 한다. 멋지고 좋은 일이 생길 것 같은 기대감 때문이다. 그리고 그 설렘은 우리의 가슴을 뛰게 한다.

여기에 '가슴 뛰는'이란 표현을 제목으로 달고 나온 과학책이 있다. 바로 세계적인 생물학자 리처드 도킨스가 쓴 《현실, 그 가슴 뛰는 마법》이다. 마치 새 학기를 시작하며 설레는 마음이 반영된 제목처럼 느껴진다. 가만히 생각해 보면 책의 제목이 과학책답지 않다. 대상에 대한 세밀한 관찰, 논리적인 사고를 추구하는 과학에 '가슴이 뛴다'는 표현은 어울리지 않아 보인다. 게다가 '마법'이란 말까지 붙었다. 마력으로 불가사의한 일을 행하는 술법이란 뜻의 마법이 과학책의 제목으로 어울리지 않는다.

학생들은 이 책의 제목을 읽으면서 호기심을 느낄 것이다. 그런 호기심이 책을 읽는 데 적절한 동기가 될 것이다. 여행지에 대한 호기심이 그 여행을 더욱더 즐겁게 해주는 것처럼 말이다. 특히 이 책은 처음으로 과학과 만나는 사람에게 꼭 맞는 훌륭한 안내서라는 점에서 설렘을 자극하는 제목이 어울린다. 학기 초 새로운 마음으로 친구와 선생님을 만나는 것처럼 이 책을 읽어 보길 학생들에게 권한다.

좋은 질문은
생각을 이끈다

이 책을 추천하는 이유 중에 하나는 바로 질문 형식의 제목 때문이다. '최초의 인간은 누구였을까?', '왜 세상에는 이렇게 많은 종류의 동물이 있을까?', '사물은 무엇으로 만들어졌을까?', '세상은 언제, 어떻게 시작되었을까?' '우주에는 우리뿐일까?', '왜 나쁜 일이 벌어질까?' 이처럼 모든 장의 제목이 질문이다. 그리고 우리가 어릴 때부터 한 번쯤 고민했던 질문들이다.

때로 학생들은 수업 내용과 관련 없는 질문을 한다. 예를 들어 '수업 언제 끝나요?' '오늘 급식 반찬이 뭐예요?' '선생님은 몇 살이시죠?' '왜 우리 학교는 방학을 늦게 해요?' 등등. 학생들이 내뱉는 온갖 질문에 교사는 금세 녹초가 되기 쉽다. 이렇게 되면 수업도 엉망이 될 때가 있다.

그래서 좋은 질문이 중요하다. 좋은 질문의 조건은 간단하다. 학생도 묻고 싶고 교사도 답하고 싶은 질문이다. 물론 그런 질문을 찾기란 쉽지 않다.

어쨌든 좋은 질문은 생각을 이끄는 힘이 있다. 소크라테스가 문답을 통해 토론을 즐겼다는 일화는 유명하다. 이 책에서 각 장의 제목이 질문인 것도 이런 이유가 아닐까? 독자가 스스로 생각할 수 있도록 배려했다는 생각이 든다. 마치 저자가 여러 사람 앞에서 강의하는 것처럼 꾸민 것이다. 좋은 질문과 그에 대한 해설을 읽는 것이 이 책의 재미다.

최초의 인간은 누구였을까?

이제 책 속으로 여행을 떠나 보자. '최초의 인간은 누구였을까?'란 질문에 저자 리처드 도킨스는 다음과 같은 사고 실험을 한다.

우리가 타임머신을 타고 과거를 거슬러 올라간다. 그런 다음에 문을 열고 당시 사람들을 살펴보는 것이다. 멀지 않은 과거의 사람들은 현대 인류와 크게 다르지 않을 것이다. 그러나 이렇게 1만 년씩 올라가기를 반복해서 100만 년 전으로 갔다고 가정하자. 그러면 타임머신밖에 있는 사람이 우리와 확연히 다르다고 느낄 것이다.

이런 식으로 사고 실험을 지속하다 보면 우리 인류의 조상인 침팬지를 닮은 유인원을 만날 수 있다. 현대 포유류와 파충류, 모든 공룡의 조상을 만날 것이다. 그리고 다양한 종류의 턱이 있는 물고기를 만날 것이다. 그러면서 저자는 우리의 먼 조상이 물고기였다는 다소 도발적인 결론을 내린다.

사실 진화는 단기간에 이루어지는 것이 아니다. 물고기가 하루 만에 사람으로 변할 리가 없지 않은가? 아주 느리고 점진적으로 진행되는 진화론을 설명하기 위해 저자는 타임머신을 타고 일정 시간을 계속 거슬러 올라가는 상황을 펼친다. 이외에도 재미있고 명쾌한 사례를 들어 여러 가지 과학적인 이론을 설명한다.

이해와 작품성이라는
두 마리 토끼를 잡다

이 책은 우리가 흔히 생각하는 딱딱한 과학 책이라는 느낌이 들지 않는다. 아주 잘 꾸민 화보집을 보는 듯하다. 거의 모든 쪽에 그림이 있기 때문이다. 그것도 깔끔하고 세련된 디자인의 그림들 말이다.

요즘 학생들은 시각적인 매체에 잘 반응한다. 독서의 중요성을 말로 설명하기보다는 독서 관련 영상을 짧게 보여 주는 것이 더 효과적일 때가 있다. 학생들은 언제 어디서든지 휴대전화를 들고 다니면서 사진과 영상을 찍고 그것을 SNS에 올려 친구들과 공유한다. 그래서 책 표지를 잘 볼 수 있도록 교실에 게시하고 학생들에게 책을 소개하는 것도 좋은 방법이다. 표지만 봐도 읽고 싶은 마음이 드는 책이 있기 마련이다.

《현실, 가슴 뛰는 마법》은 그림을 보는 재미가 쏠쏠한 책이다. 처음부터 글자를 보지 말고 그림만 찬찬히 살펴보는 것도 좋다. 그것만으로 책을 읽는 재미를 느낄 것이다. 거기에 글과 함께 읽으면 그림의 가치는 더욱 올라간다. 이해와 작품성이라는 두 마리의 토끼를 모두 잡은 셈이다.

다시 가고 싶은
여행지 같은 머리말

나는 현실 세계에도 마법이 있다는 것을 보여주려 한다. 현실이기에 더 마법적이고, 우리가 그 작동 방식을 이해하기에 더 마법적이다. 현실이야 말로 가슴 뛰는 마법이다.

이 책에는 긴 머리말이 없다. 이 글이 머리말을 대신하고 있다. 처음에 이 글만 읽어 보면 본문의 내용을 짐작하기가 쉽지 않다. 그런데

이 책의 모든 장은 신화로 시작한다. 질문으로 구성된 제목에 답할 수 있는 신화를 소개하는 것이다. 그다음 그 현상을 과학적으로 설명한다. 말하자면 어떤 자연 현상에 대해 신화적 해석과 과학적 해석을 나란히 소개하는 방식이다. 신화와 현실의 대비, 바로 이것이 이 책의 머리말로 잘 연결된다.

책을 읽는 것을 여행에 비유하자면 이 책의 마지막 여행지는 이 짧은 머리말이라고 할 수 있다. 이 책의 내용을 압축적으로 잘 표현하고 있기에 여러 번 읽을수록 더 감탄하게 된다. 마치 또 가고 싶은 여행지와 같다.

발견과 발명을
가능하게 하는 힘, 관찰

이 책의 가장 큰 매력은 주변을 관찰하는 힘을 배울 수 있다는 점이다.

인상 깊은 소재 하나를 들자면 '무지개'가 있다. 비가 내린 직후에 아주 가끔 보이는 무지개, 일곱 색깔의 타원으로 보이는 무지개. 그 무지개 덕분에 과학자들은 우주의 나이, 만물이 시작된 나이를 측정할 수 있었다고 한다. 먼 별에서 온 빛을 스펙트럼으로 쪼개 보면 무지개를 볼 수 있다. 그렇게 나눠진 빛을 세밀하게 조사해 보면 별의 구성 물질은 물론이고 나이까지 알 수 있는 것이다. 그래서 저자는 빛을 스펙트럼으로 펼쳐 주는 기계인 '분광기'를 인류의 역사상 가장 중요한 발명품으로 꼽는다.

이렇게 작은 관찰이 인류 역사의 큰 발견이나 발명으로 이어질 수 있다. 우리 주변에서 일어나는 현상을 잘 살피고, 그 원인을 끝까지 탐구하는 것이 과학적 태도가 아닐까?

이런 과정은 저자가 말한 대로 마법과 같다. 손수건에서 갑자기 비둘기가 나타나는 마술만큼 우리를 둘러싸고 있는 세계는 신비로움으로 가득 차 있다. 이런 신비로움을 느끼는 것이야말로 과학을 사랑할 수 있는 길이지 않을까?

학생들이 이 책을 읽고 주변을 살필 수 있는 눈을 키웠으면 좋겠다. 그리고 의심을 갖고 질문을 던져 봤으면 좋겠다. 그러면서 현실이라는 마법을 풀 열쇠를 찾기를 바란다.

《**이덕환의 사이언스 토크토크**》 이덕환 지음 | 프로네시스

난이도: ★★★

우리나라의 대표적인 과학자 이덕환이 생활 속의 다양한 문제들을 과학적인 시각에서 면밀히 검토한 책이다. 어려운 과학 이론을 나열하지 않으면서도 과학적인 사고가 무엇인지 느끼게 하는 책이다.

《**이기적 유전자**》 리처드 도킨스 지음, 홍영남, 이상임 옮김 | 을유문화사

난이도: ★★★★★

모든 동물이 유전자가 만들어 낸 기계라고 말하면서 진화의 단위가 유전자라는 점을 명쾌하게 해설하는 책이다. 리처드 도킨스의 대표적인 저서다. 어려운 책에 도전하고 싶은 학생에게 권한다.

생각을 키우는 독서 활동

질문의 중요성 확인하기

책을 읽을 때는 질문이 중요하다. 책의 내용을 의심하고 고민하는 과정이 있어야 책을 읽을 수 있다. 토론할 때도 질문이 중요하다. 토론은 논제와 상대방의 질문에 답하는 과정이기 때문이다. 이처럼 질문 능력을 키우는 것은 독서와 토론 능력을 키우는 데 큰 도움을 준다.

《현실, 그 가슴 뛰는 마법》은 각 장의 제목이 질문 형식이어서 질문의 중요성을 느끼게 한다. 학생들이 이 책의 차례를 유심히 살펴보게 한다. 차례를 꼼꼼하게 살필 수 있다면 책을 깊이 있게 읽는 길도 자연스럽게 열릴 수 있다.

더 나아가 평서형 문장에서 문장부호만 바꿔 질문의 중요성을 확인하는 활동이 가능하다. 예를 들어 '독도는 우리 땅이다.'에서 온점을 물음표로 바꿔 보자. '독도는 우리 땅이다?'는 너무나 분명했던 사실을 의심하는 내용으로 변하게 된다.

신문의 표제 뒤에 물음표를 적는 활동도 질문의 중요성을 깨닫는 데 도움을 주는 활동이다. 주로 사실을 전달하는 신문 기사에서 학생들과 함께 기사의 표제 끝에 물음표를 적는 활동을 할 수 있다. 물음표를 다는 순간부터 표제의 내용이 사실인지 의심하게 되면서 비판적인 읽기를 할 수 있는 계기가 생긴다.

책의 그림만 보면서 느낌 말하기

이 책은 마치 잘 만든 화보처럼 그림이 무척 인상적이다. 그래서 글을 읽지 않고 처음부터 끝까지 그림만 훑어보는 활동을 해도 좋다. 자신이 본 그림 중에 가장 눈에 띄는 그림을 찾고, 그 이유에 대해 말하거나 책의 모든 그림에 대한 전반적인 느낌을 말해 본다.

세상을 해석하는
간결한 이론,
진화론을 알고 싶다면?

다윈 지능

최재천 지음 | 사이언스북스

난이도
★★★★

#세상을 뒤흔든 이론 #진화론 #간결함 #단순함

#응용이 뛰어난 #학문의 경계를 뛰어넘는 #비움

#종교적 깨달음 #과학자의 희로애락

조영수 서울 창문여중 국어 교사

세상을 뒤흔든
이론과 만나다

영국의 생물학자 찰스 다윈이 주장한 진화론은 일반인에게도 널리 알려져 있다. 미생물이 고등생물로 발전했다는 것, 인류의 조상은 유인원이라는 것 등등 우리는 진화론에 대한 단편적인 지식을 제법 알고 있다.

물론 진화론에 거부감을 보이는 사람도 있다. 이 이론을 철저히 배척하는 이들도 분명히 있다. 그러나 진화론을 제외하고 생물학을 논의할 수 없다는 것도 틀림없는 사실이다. 여전히 많은 학자가 다윈의 이론을 바탕으로 세상을 해석하고 설명하려고 한다.

그렇다면 한 번 정도 진화론에 대한 책을 읽어보는 것이 필요하지 않을까? 전 세계를 뒤흔들고, 지금도 그 영향력을 무시할 수 없는 이론 하나를 진지하게 살펴보는 것이 중요하지 않을까? 진화론에 대해 알고 싶은 학생에게 이 책을 추천한다.

세상을 해석하는
간결한 이론

　　2009년에 다윈을 위한 다양한 학술 행사가 전 세계에서 열렸다. 다윈이 태어난 지 200년, 다윈이 쓴 《종의 기원》이란 책이 나온 지 150년이 되는 해였기 때문이다. 이 책의 저자 역시 다윈을 인류 역사의 방향을 뒤바꿔 놓은 인물로 평가하고 있다. 놀랍게도 노예제도 폐지에 앞장 선 정치가인 링컨과 다윈이 태어난 날이 같다. 인류 역사에서 위대한 업적을 남긴 두 인물이 태어난 날이 같다는 것은 참으로 놀라운 우연이다.

　어쨌든 많은 학자들이 200년이 지난 후에도 다윈을 기념하는 이유는 무엇일까? 그의 이론은 어떤 점에서 탁월한 것일까?

　이 책의 저자는 훌륭한 학술 이론이 갖춰야 할 조건 중에 하나로 단순성을 든다. 이론 자체가 너무 복잡하면 활용도가 떨어지고 의미 전달에도 어려움이 생긴다는 것이다. 다윈의 진화론은 매우 간결한 이론이고, 이를 활용해서 설명하지 못하는 현상이 없다. 매우 단순한 원리로 생명현상을 설명할 수 있다. 심지어 생물학을 넘어서 사회, 경제, 심리, 예술 등 응용되지 않는 분야가 거의 없다. 매우 뛰어난 이론이다. '살아 있는 다윈'으로 칭송받았던 하버드 대학교의 마이어 교수는 "진화를 이해하지 않고는 이 신비로운 세상을 이해할 수 없다. 진화는 이 세상을 설명하는 가장 포괄적인 원리다."라고 말했다.

이 책에서는 저자가 강의 경험을 바탕으로 다윈의 진화론을 친절하게 설명하고 있다. 책을 읽으면 복잡한 생명현상을 진화론으로 어떻게 해석하는지 이해할 수 있다. 진화론의 간결한 아름다움을 직접 느낄 수 있다는 것이 바로 이 책의 첫 번째 매력이다. 학생에게 이 책을 권하는 첫 번째 이유이기도 하다.

여러 학문을 넘나들다

2015년 개정 교육과정이 시작되면서 문과와 이과의 경계가 무너졌다. 문과와 이과의 통합은 교육적으로 바람직한 일이다. 요즘 교육에서 창의적인 인재 육성을 무척 강조하는데 이를 위해서는 다양한 학문의 세계와 만나는 것이 필요하다. 시를 읽고, 과학 이론을 탐구하며, 사회 현상을 분석하고, 미술 작품을 감상하는 등 다양한 학문을 접할 때 새롭고 참신한 시각으로 대상을 바라볼 수 있다.

앞서서 다윈의 진화론으로 해석하지 못하는 현상이 없다고 말했다. 이것은 곧 진화론이 학문을 넘나들기에 적절한 이론이라는 말도 된다. 예를 들어 보자. 최근에 세계적인 경제 위기를 겪으면서 경제학 내부에서 자성의 목소리가 흘러나오고 있다. 경제의 주체인 인간이라는 동물의 행동과 본능에 대해 진지하게 고민하는 것이 중요하다는 것이다. 그래서 행동경제학, 신경경제학, 진화경제학이 급부상하고 있다.

경제학과 생물학의 만남. 왠지 어울릴 것 같지 않은 학문이 만나서 새로운 논의가 이미 펼쳐지고 있다. 이런 낯선 학문이 우리 사회를 바라보는 새로운 시각을 부여한다. 여러 학문 간의 자유로운 결합이 지식의 세계를 더욱더 풍성하게 한다.

이 책에서도 학문을 넘나드는 모습을 보는 재미가 쏠쏠하다. 저자는 다른 분야의 전문가들과 함께 매달 한 번씩 저녁을 먹으며 밤늦도록 토론을 한 적이 있다고 한다. 3년 동안 토론에 참여했으니 거의 200개 주제에 대해 귀동냥을 할 수 있었다고 한다. 물론 저자가 그 주제에 대해 모두 깊이 있게 아는 것은 아니었다. 하지만 모임에 참석해서 30분만이라도 이야기를 들으면 어떤 분야의 이야깃거리인지 짐작할 수 있었다고 한다. 그러면서 학문을 넘나드는 화두를 과감하게 던지는 계기를 마련했다고 말한다.

학교에서는 교사 독서 동아리를 운영하면 국어, 한문, 사회, 역사, 과학, 보건까지 거의 모든 과목의 교사가 모일 수 있다. 그러면 여러 교사의 다양한 학문적 시각을 살펴볼 수 있어서 무척 즐겁다. 이것이 저자가 말하는 학문을 넘나드는 즐거움이 아닐까 생각해 본다. 학생들이 과학뿐만 아니라 여러 학문에 관심을 가질 수 있는 길을 열어 준다는 점이 이 책을 읽는 두 번째 이유다.

비움의
미학

리처드 도킨스가 쓴 대표적인 책으로 널리 알려진 《이기적 유전자》가 있다. 이 책의 핵심적인 내용은 진화론의 최소 단위가 생물 개체가 아니라 유전자라는 것이다. 인간은 유전자가 살아남는 것을 도와주는 생존 기계일 뿐이다. 철저하게 유전자의 입장에서 진화를 설명하는 책이다. 이런 관점에 거부감을 느끼는 사람이 많다. 자신의 존재는 유전자에 의해서 움직이는 것이 아니라고 항변하는 사람도 있고, 정신은 오직 나만의 것이라고 강조하는 사람도 있다. 말하자면 내가 내 삶의 주체가 아니라는 점에 대한 반감이다.

그런데 유전자가 나의 삶과 행동을 결정한다는 사실은 나를 겸허하게 만들 수도 있다. 내가 아무리 잘난 척한다고 해도, 다른 사람들이 아무리 잘났다고 해도, 우리는 유전자의 의도대로 살아가는 것이니까 말이다. 만물의 영장이라는 인간이 무기력한 존재로 보이기도 하지만 그런 만큼 겸손한 태도로 살아가라고 해석할 수도 있다. 잘난 것도 없고, 못난 것도 없는 것이다.

저자는 25년 이상 대학 강단에서 유전자의 관점으로 세상을 바라보는 방법에 대해 강의하고 있다. 매 학기마다 유전자로 보는 세상이 너무 혼란스럽다고 하소연하는 학생이 있는가 하면 삶이 무의미해졌다며 눈물을 흘리는 학생도 있다고 한다. 저자는 그런 학생들에게 이렇게 말한다고 한다. 내게도 그런 순간이 있었다고. 더 많이 읽고 더 많이 생각했더니 마음이 평안해지더라고. 내가 내 몸의 주인이 아니라는 걸 깨닫고 나면 오히려 마음이 가벼워진다고. 마음에 큰 여백이 생긴다고.

저자는 유전자를 받아들이면 마음이 비워진다고 한다. 덧붙여 자연 현상을 해석하면서, 다윈의 이론을 심도 있게 공부하면서 마음이 홀가분해졌다고 말한다. 학문에 정진하면서 종교적인 깨달음과 비슷한 경험을 한 것이다. 가히 비움의 미학이라고 일컬을 만하다.

우리는 여러 가지 이유로 여행을 한다. 쉬기 위해서, 재충전을 위해서, 인생의 해답을 얻기 위해서 등등. 이 책을 통해 진화론의 세계를 여행한다는 것은 어떤 의미를 가질까? 궁극적으로는 저자처럼 배움을 통해 마음의 평안을 얻는 것이 아닐까 싶다. 이것이 학생들에게 이 책을 권하는 세 번째 이유다.

《세계를 움직인 과학의 고전들》 가마타 히로키 지음, 정숙영 옮김 | 부키

난이도: ★★★☆

인간과 동물의 차이점은 무엇일까? 여러 가지 답이 있겠지만 그중 하나가 과학 기술일 것이다. 인간만이 주어진 환경을 변화시킬 수 있으며, 그 원동력은 과학이다. 과학은 우리의 삶을 뒤흔드는 막강한 힘을 지녔다.

이 책은 인간의 삶에 큰 영향을 미친 과학책을 소개하고 있다. 진화론 연구의 시작을 알린 《종의 기원》에서부터 세계 지도를 보고 우연히 떠오른 발상을 계기로 대륙이 이동하는 것을 밝힌 《대륙과 대양의 기원》에 이르기까지 과학 분야에서 고전이라 할 만한 책을 소개하고 있다.

진화론과 관련된 다양한 학문 찾아보기

진화론은 자연현상뿐만 아니라 사회현상을 해석하는 데에도 탁월한 이론이다. 이는 진화론이 난순하고 산결하며, 응용력이 뛰어난 학술 이론이기 때문이다. 학생들과 함께 《다윈 지능》을 읽으면서 진화론의 영향을 받은 여러 학문을 찾아볼 수 있다. 예를 들어 진화생물학과 인지심리학이 융합된 학문인 진화심리학, 진화 이론의 관점에서 경제 현상을 분석하는 진화경제학, 진화라는 관점에서 사람의 몸을 탐구하는 다윈의학 등이 있다. 이처럼 진화론과 관련된 인접 학문을 찾아보면서 얼마나 다양한 분야에서 진화론을 활용하고 있는지 확인해 보자.

유전자로 세상을 바라보는 관점에 대해
자신의 생각을 말해 보기

먼저 자유로운 이야기부터 시작한다. 이 책의 저자는 오랜 시간 동안 유전자에 대해 공부하면서 마음을 비우는 경험을 했다고 말한다. 학생들에게도 욕심을 내려놓고 마음을 비웠던 경험이 있는지 물어본다. 아주 작은 일이라도 자신이 마음을 비웠던 경험을 떠올려 본다. 예를 들어 '친구들과 체육 시간에 달리기 경주를 하는데 등수에 연연하지 않았다', '남들은 우리나라와 다른 나라의 축구 경기에 열광했는데 나는 차분하게 경기를 관람했다' 등의 답변이 나올 수 있다.

이런 경험을 나눈 다음에 유전자로 세상을 바라보는 관점에 대해 학생들과 의견을 나눠 본다. 모든 학생이 저자의 의견을 전적으로 받아들이지 않을 때도 있다. 이럴 때 교사가 저자를 대신해서 학생과 대화를 나누는 활동을 할 수 있다. 이런 대화를 통해 학생은 저자의 생각이나 의도에 대해 조금 더 고민할 수 있게 될 것이다. 그러면 과학책을 보다 깊이 있게 읽는 데에 도움을 얻을 수 있다.

유전자보다
중요한 것이
무엇인지 궁금하다면?

당신의 주인은 DNA가 아니다

브루스 H. 립튼 지음 | 두레

난이도
★★★★

#유전자 #후성유전학 #환경 #진화론 #마음

#질병 치료 #일체유심조 #생물학 #마음의 작용

홍승강 서울 환일고 국어 교사

마음이 유전자를
조작한다고?

과학의 가장 큰 특징은 논리성과 합리성이다. 쉽게 말해 누구도 반박할 수 없는 뚜렷하고 확실한 연구 결과를 근거로 한다. 정확한 근거를 토대로 반박하면 과학자는 겸손하게 그 의견을 받아들인다. 왜냐하면 철저한 연구 결과에 의해 이론이 세워지기 때문이다.

그런데 이 책《당신의 주인은 DNA가 아니다》의 과학적 주장은 엉뚱하게 '믿음'에 대한 내용이다. 즉 마음과 환경이 우리 몸을 지배한다는 것이다. 우리를 지배하는 것이 유전자가 아니라 유전자를 조작하는 상위개념이 있다는 주장이다. 이것을 이 책은 어떻게 설명할까? 마음이 유전자를 조작하고, 그 유전자가 우리를 변화시킨다는 것을 어떻게 증명할 것인가?

유전자보다
더 중요한 요인

수업 시간에 아이들에게 '공부에서 가장 중요한 것은 무엇일까?'라고 물으면 다양한 답변이 나온다. '집중력이요', '자기주도학습이요', '뚜렷한 목표요', '인내심이요' 등등. 가끔씩은 '유전자요'라는 대답도 나온다. 이렇게 우리는 타고난 능력에 유전자가 중요하다고 생각하는 경우가 많다. 그런데 그보다 더 중요한게 있다고? 이 책은 이걸 어떻게 과학적으로 증명할까?

저자는 색달랐던 자신의 경험을 통해 학생들에게 이야기하듯이 쉽게 풀어 나간다. 실제로 대학에서 학생들을 가르치며 느꼈던 진솔한 감정에서부터 자신의 인생 이야기가 과학의 논리성과 잘 어우러져 있다. '유전자 위에서 통제한다'는 뜻의 '후성유전학'이라는 신비로운 학문으로 새로운 세계를 열어 간다.

물론 정신과 육체가 연관이 있다는 것을 우리는 막연하게나마 알고 있다. 머리가 지끈거릴 정도로 스트레스를 받으면 몸도 자연스레 그 영향을 받는다. 게다가 최근 뇌과학의 발달로 하나하나 인간의 마음을 풀어나가고 있다. 하지만 이건 좀 다르다. 우리 인간의 모든 것을 지배한다고 생각했던 유전자를 움직이는 상위 인자가 있다는 주장이다. 저자에 의하면 유전자는 스스로 움직일 수 없다고 한다. 그렇다면 유전자를 움직이는 것은 무엇일까?

이 책의 원제는 'The Biology of Belief'이다. 번역하자면 '믿음의 생물학'이다. 즉, 믿음이 우리 유전자를 조종한다는 이야기다. 추상적인 믿음이 어떻게 유전자에게 영향을 줄까? 저자의 설명을 빌리자면 우리의 믿음은 성격도 바꿀 수 있다. 믿음이란 우리에게 주어지는 환경들이다. 환경에 따라 달라지는 우리의 마음과 믿음이 유전자를 조종한다는 뜻이다. 예를 들어 우리의 세포가 병들면 세포 자체를 연구하기에 앞서 그 환경을 생각해 봐야 한다. 우리의 유전자가 환경의 지배를 받는다는 것이 후성유전학의 관점이다.

후성유전학에서 '협력'을 중요시하는 이유

후성유전학은 단순히 유전자에 의해 모든 형질이 결정된다는 기존의 생각을 뛰어넘어 유전자에 스위치가 있다는 관점의 학문이다. 즉, 유전자가 활동하기 위해서는 그 스위치가 켜져야 한다는 것이다. 유전자 혼자서는 아무 일도 할 수 없는 셈이다. 그리고 그 스위치를 켜는 데 중요한 것이 바로 환경이라고 말한다. 환경으로부터 받는 신호로 유전자가 어떻게 활동하지를 연구하는 학문이 바로 후성유전학이다. 우리 인간이 단지 유전자의 꼭두각시가 아니라는 이야기다. 많은 사람들이 유전자에 의해 우리가 아무리 노력을 해도 변하지 않을 것이라는 운명론적인 생각을 하지만 실제로는 얼마든지 우리의 마음 자세에 따라 새로운 삶을 살아갈 수 있다. 그렇다 보니 현재 후성유전학은 의학 분야에서 큰 호응을 얻고 있다. 당뇨, 암 등의 치료하기 어려운 질병들도 고칠 수 있다는 것이다. 실로 획기적인 주장이라고 볼 수 있다. 질병을 가지고 있는 유전자의 스위치를 끌 수 있다고 보는 것이다. 심지어 유전자가 사람들의 감정과 행동까지도 통제한다고 이야기한다. 즉 행복을 느끼는 유전자에 문제가 생기면 불행한 삶을 살 수밖에 없다는 이야기다.

다윈의 진화론은 개체를 중시하다 보니 모든 생명체들은 경쟁하며 진화했다고 주장한다. 대표적인 적자생존의 원리다. 하지만 후성유전학은 조금 다르다. 공동체를 강조하며, 공동체 입장에서 보면 모든 생명체는 협력을 더 중요하게 여긴다고 분석한다. 예를 들어 우리 몸만 봐도 알 수 있다. 우리 몸은 약 60조 개의 세포로 이루어져 있다. 이 모든 것들이 하나의 몸을 이룬다. 각각의 유기체도 마찬가지다. 하나의 생태계를 이루려면 경쟁보다는 협력이 서로에게 도움이 된다.

아플 때 약을 먹는 것만이 유일한 방법은 아니다

감기에 걸렸을 때 약을 먹는 게 좋을까? 안 먹는 게 좋을까? 약을 먹으면 빨리 낫기야 하겠지만 우리 몸에 무리가 올 듯도 하다. 먹지 않아도 저절로 낫는 경우도 있다. 인간은 단순한 기계가 아니기 때문에 약을 먹는 것만이 정답은 아니다. 몸과 마음을 지배하는 것은 유전자가 지배하는 호르몬이나 신경전달물질이 아니다. 우리의 마음이 유전자를 움직인다는 것이다. 이러한 믿음은 색안경과 같아서 어떤 색깔로 세상을 보느냐에 따라 다르게 보인다. 그리고 우리 몸은 그것에 적응해 나간다. 우리의 유전자를 바꿀 수는 없지만 우리의 마음은 바꿀 수 있다. 그 마음이 유전자를 움직이는 것이다. 그래서 우리는 긍정적이고 행복한 생각을 해야 한다. 이것이야말로 행복하고 건강한 삶을 사는 출발점이 된다.

간디는 "믿음은 생각이 되고, 생각은 말이 되고, 말은 행동이 되고, 행동은 습관이 되고, 습관은 가치가 되고, 가치는 인간이 된다."라는 말을 남겼다. 생각이나 마음 같이 보이지 않는 것들이 우리의 몸을 움직인다. 선천적인 유전자가 중요한 것은 사실이다. 하지만 유전자는 스스로 움직일 수 없다. 그것을 조종하는 것은 마음이다. 그래서 마음의 자세가 중요하다.

운명이 미리 정해진 사회가 올까?

앤드루 니콜 감독의 〈가타카〉라는 영화가 있다. 이 영화에는 유전자에 의해 모든 운명이 이미 정해져 있는 사회가 나온다. 하지만 주인공은 우주비행사라는 꿈을 이루어나가기 위해 노력해 나가고 결국 그 꿈을 이룬다. 이것이 바로 후성유전학의 관점이다. 인간에게 있어 환경은 마음이다. 즉 인간의 몸과 마음을 지배하는 것은 유전자가 아니라 믿음이다.

저자는 세포의 삶을 연구하다 인간의 몸이 유전자 그 자체보다 세포의 물리적 환경에 의해 지배될 수 있다는 생각을 한다. 그래서 유전자는 단지 세포, 조직, 기관을 형성할 뿐이라고 말한다. 즉 유전자는 설계도일 뿐이고, 그것을 실제로 건축하는 것은 환경이라는 것이다. 설계도를 무시할 수는 없지만 건물을 지을지 안 지을지는 우리가 결정할 수 있다는 것이다. '마음이 모든 것을 만들어 낸다'는 말이 이제 과학적으로 증명될지도 모르겠다.

🔍 더 읽을거리

《마음의 과학》 스티븐 핑커 외 지음, 존 브록만 엮음, 이한음 옮김 | 와이즈베리

난이도: ★★★★

인류의 최대 수수께끼인 '마음'에 대해 이론심리학, 인지과학, 신경과학, 생물학, 언어학, 행동유전학, 도덕심리학 등 관련 분야의 세계 최고 지성 16인이 밝혀낸 최신 이론들을 집대성했다. 마음이란 무엇이고 어디에서 생겨나는 것일까? 인간의 뇌는 어떻게 작동할까? 정말 태어난 순서가 성격을 결정할까? 알츠하이머병은 치료될 수 있을까? 행복도 유전될 수 있을까?

과학이란 학문은 대체 무엇일까?

《당신의 주인은 DNA가 아니다》는 분명 과학책이다. 그런데 읽다 보면 과학책이 맞는 건지, 심리학 책이나 사회과학 책이 아닌지 하는 생각이 든다. 그렇다면 도대체 과학이라는 학문은 무엇일까? 자신이 생각하는 과학의 특징을 자유롭게 이야기해 보자.

저자의 의견에 동의하는가?

저자는 우리가 기존에 알고 있던 유전자에 대한 지식을 완전히 뒤집어 놓고 있다. 더 나아가 과학과 어울리지 않는 믿음에 대한 이야기까지하고 있다. 다음 질문에 대한 답을 각자 생각해 보자. 당신이 생각하는 유전자는 무엇인가? 정말 마음이 중요한 걸까? 그렇다면 마음을 어떻게 다스릴 것인가? 여러분은 이러한 저자의 의견에 동의하는가?

제목 지어 보기

이 책의 원제는 'The Biology of Belief'이다. 번역해 보면, '믿음의 생물학'으로 볼 수 있다. 그런데 정작 이 책은 제목은 《당신의 주인은 DNA가 아니다》다. 이 책의 주제와 잘 어울린다고 생각하는가? 왜 제목을 이렇게 지었을까? 만약 이 책의 제목을 붙여 본다면 어떻게 붙이겠는가?

인생을
수학의 눈으로
바라보고 싶다면?

인생은, 오묘한 수학 방정식

클레망스 강디요 지음, 김세리 옮김 | 재미마주

난이도
★★★★

#수학의 기원 #수학과 인생

#만만하지 않은 만화책 #수학과 철학

류수경 서울 내곡중 수학 교사

오묘한 여행을
떠나기 전에

먼저 이 책《인생은, 오묘한 수학 방정식》의 제목을 읽어 보자. 짧은 제목이지만 한 번에 쭉 읽는 것이 아니라 '인생은'까지 읽은 다음 조금 쉬고 '오묘한 수학 방정식'이라고 읽게 된다. 쉼표 때문이다. 내용도 마찬가지다. 80여 쪽의 매우 얇은 책이지만 단숨에 읽어서는 책의 의미를 파악할 수 없다. 계속 쉬어 가며 읽어야 한다. 쉬면서 생각해야 한다. 인생에 대해서, 그리고 그 속에 숨어 있는 수학에 대해서 말이다. 매우 짧은 여행처럼 보이겠지만 매우 긴 여행이 될 것이다. 몇 군데 둘러보지 않지만 매우 많은 사람을 만나 보고 많은 곳을 둘러본 듯한 '오묘한 여행'이 될 것이다.

이 책은 총 8장으로 나누어져 있으며, '수학의 기원'에 대해 이야기하고 있다. 8개의 장 모두 '○○의 기원에 관하여'라는 소제목이 붙어 있으며, 제1장 '이 책의 기원에 관하여'를 제외하고는 연산, 기하학, 논리, 함수, 외접원, 벡터, 복소수 같은 수학적 개념을 다루고 있다. '수학의 기원'이라고 하면 흔히 수학의 역사를 생각하게 될 것이다. 수학의 개념들이 어떻게 만들어졌는지, 여러 수학자의 업적이라든지……. 하지만 이 책은 수학의 역사를 말하는 것이 아니라 인간이 태어나 성장하고 다른 사람과 관계를 맺고 살아가는 모습 속에서 수학적 개념들을 엿볼 수 있다는 것을 보여 주고 있다. 즉 우리의 삶이 수학의 기원이 된다는 이야기를 하는 것이다.

이해가 잘 가지 않을 수도 있다. 수학의 기원이라고 하면 주로 역사책 같은 설명을 떠올리기 쉽다. 원시인들이 자연현상을 관찰해 삼각형, 사각형, 원 같은 기하학적인 무늬를 그리기 시작했으며, 별의 이동, 달의 변화 등을 관찰해 시간을 나누기 시작했다는 등의 이야기 말이다. 삶과 수학을 연결 짓다니, 억지로 끼워 맞춘 것 아닐까 하는 의심이 들지도 모른다. 실제로 이 책을 읽은 교사나 학생들에게 물어 보면 초반에 그런 의심을 갖고 책을 읽기 시작했다는 이가 많다. 참으로 좋은 마음가짐이다. 여러분도 계속 의심하면서 읽기 바란다. 우리 인생이 정말 이러한지 되묻고, 이것이 수학의 기원이 될 수 있는지 의심하자. 저자와 생각이 다르다면 책을 던지지 말고 '나만의 인생 방정식'을 그려 넣어 보는 것도 재미있는 방법이다.

'그려 넣어 보자'고 말하는 이유는 바로 이 책이 만화책이기 때문이다. 인생에 수학 이야기까지 한다고 하니 좀 걱정했을 텐데, 만화책이라고 하니 좀 안심이 되는지 모르겠다. 하지만 역시 만만하게 봐서는 안 된다. 쉬엄쉬엄 읽기를 바란다, 그리고 가까운 곳에 꽂아두었다가 심심하고 잡다한 생각이 많이 떠오를 때 다시 꺼내어 잠깐씩 읽어 보기 바란다. 읽을 때마다 예전에는 모르고 지나쳤던 새로운 깨달음들이 계속 생길 것이다.

삶을 연산으로
표현할 수 있을까?

남자와 여자가 만나 새 생명을 탄생시키는 것, 그것은 연산으로부터 시작된다. 언뜻 생각하기엔 남자와 여자가 합쳐져 아이가 만들어지는 것이니 1+1=1이라고 할 수 있겠다. 하지만 약간 수학적으로 불편한 모양새다. 남자와 여자는 자신의 반쪽을 준다. 그러니 $\frac{1}{2}+\frac{1}{2}=1$이라고 표현을 바꿔 볼까? 아, 지금은 수학 시간이 아니다. 우리의 인생을 생각해 보는 시간이다. 여기서 중요한 것은 '등호'다.

앞에서 어떤 계산을 했든 아기는 등호 앞에 남겨진다. 등호란 무엇인가? 좌변과 우변의 값이 같다는 뜻의 기호다. 교과서에서는 주로 평형을 이루고 있는 저울로 등식을 표현한다. 실제로 그것이 매우 적절한 비유기도 해서 다른 의미로 생각해 보기는 어렵다. 하지만 여기서 아기 앞에 놓여진 등호는 좌변과 우변이 같음을 보여 주는 저울이 아니다. 바로 새로운 상태로의 변환을 보여 준다.

데이비드 보더니스의 책 《E=mc²》에도 같은 관점이 나온다. 저자는 '='를 새로운 아이디어를 위한 망원경, 즉 미지의 영역으로 안내하는 도구라고 이야기한다. 또는 터널이라고도 이야기한다. 책에는 질량이 '='라는 터널을 지나 에너지로 변환된다는 표현이 있다.

배 속에서 만난 정자와 난자는 새로운 생명이라는 새로운 상태로의 변화를 보여 준다. 또는 등호라는 터널 속에서 세포분열을 통해 또 하나의 인생으로 안내한다. 참으로 멋진 비유다.

예를 들어 연습장에 이런 그림을 그려 보자. 등호는 내 인생길 위에 차근차근 놓여 진 기차 레일과 같다. 수정란에서 = 새로운 생명으로 = 아이로 = 청소년으로 = 어른으로 = ……. 우리의 인생에 등호라는 레일이 놓여질 때마다 그 레일을 하나씩 밟고 새로운 상태로 변화해 왔다는 생각이 들 것이다.

인간관계를 함수로
표현해 본다면

중학생들이 가장 어려워하는 단원이 바로 '함수' 단원이다. 자연수, 정수, 유리수 같은 수들은 우리가 직접 사용하는 것들이고, 방정식도 어떤 상황에서 알고 싶은데 모르는 수_{미지수}를 맞추는 수학적인 방법들 중 하나라고 생각하면 된다. 그런데 '함수'라는 녀석은 도대체 왜 만들어진 것인지, 멀쩡한 식은 왜 좌표 위에 그래프로 그리는 것인지 학생들은 도무지 이해할 수 없다는 반응을 많이 보인다. 물론 학문적으로 봤을 때 함수는 전 분야에 적용할 수 있는 강력한 도구가 된다. 함수 그래프는 대수학을 기하학 분야와 연결시킨 아주 중요한 의미를 지니는 개념이다. 하지만 이런 것들은 우리 학생들에게 아무런 감흥을 주지 못한다.

인간관계를 함수로 표현해 본다면 어떨까? 혼자서는 아무것도 할 수 없는 인간, x축 위를 혼자 걸어가고 있는 나에게 새로운 축에서 온 y라는 녀석이 인사를 건낸다. y는 무슨 일을 할까? y는 x의 이미지를 비추고 있다! 내 주변의 수많은 이웃들은 각자 자신만의 함수 f를 가지고 나를 비추고 있다.

함수란 나의 이웃이 나를 비추는 방식이다 $y=f(x)$. 내 주변의 여러 사람들을 생각해 보자. 어떤 사람은 있는 그대로의 나를 봐주고 평가해 준다 $f(x)=x$. 또 어떤 사람은 내가 하는 일에 대해 비관적인 이야기를 한다 $f(x)=-x$. 이렇게 사람마다 나와 연결된 함수 f(x)가 있는 것이다. 이 함수가 만들어지는 데는 사람 자체의 성격, 두 사람이 그동안 함께 겪었던 일들, 나눈 이야기들이 종합적으로 섞여 특정한 함수가 만들어져 있을 것이다. 주변 사람들 머리 위에 '뿅' 하고 함수식이 떠오르는 즐거운 상상을 해본다. 나와 먼 것 같이 느껴지던 함수, 이제는 함수가 좀 더 가깝게 느껴지지 않는가?

수학으로
힐링하기

　　　　　　많은 사람들이 수학을 어려워한다. 수천 년에 거쳐 쌓아 온 지식들이며, 추상화된 지식이기에 어려운 것은 당연하다. '2+3=5'라는 간단한 식 안에도 오랜 시간동안 인류가 연구한 성과들이 압축적으로 들어 있다. 그래서 몇몇 천재를 제외하고 누구나 수학을 힘들게 공부한다. 유클리드가 말한 것을 바꾸어 말하면, 수학에 왕도는 없는 것이다.

　다들 수학이 '어려워서' 싫어한다고 말한다. 하지만 그것이 전부는 아니다. 어렵고 힘들더라도 수학을 즐기는 사람이 분명히 있거니와 수학이 아니더라도 어렵지만 사람들이 좋아하는 것들은 찾아보면 많이 있다. 그렇다면 어려움과 더불어 무엇이 수학을 싫어하게 만든 것일까. 어려움 다음으로 생각할 수 있는 것은 '필요성'이다. '수학을 배워서 어디 써먹나요?' 라는 질문을 많이 들어 봤을 것이다. 아무 쓸모 없어 보이는 데다 어려우니 싫어할 수 있지 않을까. 하지만 수학은 단순히 '돈 계산'에만 쓰이는 것이 아니다. 수학은 교과서 밖으로 뛰쳐나와 우리 생활 곳곳에 숨어 있다. 수학이 없었다면 우리의 삶은 어떻게 되었을까?

　서점이나 도서관에 찾아가 수학 관련 도서를 한 권만 읽어 봐도 수학이 이 세상과 어떻게 연결되어 있는지 정말 많은 사례를 찾을 수 있다. 함수가, 방정식이 어디에 쓰이는지, 어떤 필요에 의해서 여러 개념들이 만들어졌는지 할 수 있는 이야기가 무궁무진하다. 그렇다면 이제 필요성을 알았으니 수학이 좋아진 걸까? 그래도 수학은 왠지 다가가기 어렵다. 그럼 어떻게 해야 수학을 좋아할 수 있을까? 딱딱해 보이는 수학에 '인간적인 면'을 좀 첨가해 보면 어떨까. 이 책이 그 시작이 될 수 있을 것 같다. 수학으로 인생의 의미를 고민하는 책, '오늘 내가 했던 고민이 꼭 이차방정식 같군', '어제 친구와 이런 일이 있었는데 그 친구는 꼭 삼각함수 같네' 이런 생각을 할 수 있다면 수학이 좀 더 인간적으로 다가올 것이다. 수학으로 힐링하기, 엉뚱한 이야기인 것 같지만 가능한 것 같다. 수학 개념을 공부하다가 문득 인생의 깨달음을 얻기를, 마음을 치유할 수 있기를 바란다.

독자가 쓰는
2탄을 기대하며

이 책은 읽을 때마다 숨겨진 보석을 발견하는 듯한 새로운 깨달음을 주는 책이다. 읽을 때 마다 느낌이 다르고, 이 책을 읽는 다른 교사나 학생들과 이야기를 나눌 때 마다 새로운 관점이 나온다. 이제는 이 책의 2탄을 기대해 본다. 저자가 쓰는 2탄이 아니라 독자가 쓰는 2탄이다. 이 책에서 다룬 개념들을 자신만의 버전으로 재해석해도 좋고, 이 책에서 다루지 않은 내용들을 인생에 비유해 봐도 좋다. 무엇이 있을까? 미분과 적분을 인생에 비유한다면? 피타고라스의 정리는 어떨까? 직접 찾아보자.

Q 더 읽을거리

《길 위의 수학자》 릴리언 R.리버 지음, 휴 그레이 리버 그림, 김소정 옮김 | 궁리

난이도: ★★★★

글의 전문이 시처럼 행을 나누어 쓰여 있고, 추상적인 삽화가 그려진 이 책은 독특한 형식으로 시선을 끈다. 일반적인 교육을 받고 어른이 된 '보통 씨'에게 수학은 모든 사람에게 아주 중요한 사고방식이고 이를 통해 여러 가지 삶의 태도를 얻을 수 있다는 것을 수학의 역사를 통해 이야기하는 책이다. 수학의 역사라고 하면 굉장히 낯은 수학 개념이 나올 것 같지만 수학 개념에 대한 이야기는 최소한으로, 나올 경우에는 누구나 이해하기 쉽게 설명하고 있어 정말 '보통 씨'가 읽어도 좋을 만한 책이다.

《화학에서 인생을 배우다》 황영애 지음 | 더숲

난이도: ★★★★

대학에서 화학을 전공하고 현재 화학과 교수로 활동하고 있는 저자는 본인이 연구한 화학이라는 학문의 아름다움을 느끼고 이를 책으로 썼다. 화학적인 지식을 안내한 이후에 그것을 우리의 인생에 비유한 이야기를 풀어 가는 형식으로 《인생은, 오묘한 수학 방정식》과는 비슷하면서도 다른 느낌이다. 원자의 구조를 설명한 뒤 존재감은 없지만 사람들 사이를 연결해 주는 중성자 같은 사람의 중요성에 대해 이야기한다거나, 원자들의 결합 방식을 설명한 뒤 그것을 여러 인간관계에 비유하는 식이다. 책을 읽으면서 한 화학자의 학문에 대한 애정과 인생은 물론 오래 산 어른으로서 얻은 삶의 지혜를 느끼게 된다.

생각을 키우는
독서 활동

여러 가지 함수로 주변 사람들의 별명을 지어 주기

앞에서 설명한 것과 같이 여러 가지 함수로 주변 사람들의 별명을 지어 보자. 책에 나온 함수들도 좋고 교과서에서 배운 다른 함수들도 좋다. 지수함수, 로그함수, 삼각함수는 어떤 유형의 사람으로 비유될 수 있을까? 혼자서 생각하는 것도 재미있지만 같은 함수를 두고 다른 친구들은 어떤 사람에 비유했는지 서로 의견을 나누어 보면 함수의 특성을 두루 익힐 수도 있고, 다른 친구들의 재미있는 생각도 함께 나눌 수 있다.

나만의 '인생은, 오묘한 수학 방정식'을 제작하기

다양한 수학 개념들을 인생에 비유한 《인생은, 오묘한 수학 방정식》의 몇몇 부분을 내 생각대로 새롭게 변형해 보자. 또는 책에 없는 새로운 수학 개념과 인생을 연결해 새로운 장을 만들어 보자. 혼자서 생각하기가 힘들다면 모둠별로 한 가지 개념을 정하고 토론해 한 편을 제작해 본다거나 각자 한 편씩 만들어 한 권의 새로운 책으로 편집해 본다면 수학도 인생도 좀 더 깊이 있게 이해할 수 있을 것이다.

현대 과학기술을
사회적인 관점으로
해석해 본다면?

멋진 신세계와 판도라의 상자

연세 과학 기술과 사회 연구 포럼 지음, 송기원 엮음 |
문학과지성사

난이도
★★★★★

#과학기술과 소통하는 열다섯 가지 시선

#우리는 어떤 미래로 가고 있나 #멋진 신세계

#판도라의 상자 #현대 과학기술 낯설게 보기

유연정 경기 안양초 교사

과학기술과
세상의 소통

우리는 과학 시간에 힘, 속도, 화학 반응 등 여러 가지 과학 이론 및 법칙에 대한 것을 배운다. 그런데 학창 시절에 배우는 F=ma, V=IR, $2H_2+O_2=2H_2O$와 같은 것들이 진정한 과학일까? 이게 진정한 과학 공부인지 의문이 든다. 도대체 과학은 무엇이고, 왜 과학을 공부해야 하는지에 대해서 우리는 배운 적이 없다. 공식을 외우면서 이런 고민을 하는 학생에게 《멋진 신세계와 판도라의 상자》를 읽어 보길 추천한다.

이 책의 엮은이도 학창 시절부터 과학의 본질 및 가치 등을 고민하며 과학도의 길에 접어들었다. 하지만 과학적인 연구가 세상과 어떻게 소통하는지, 과학은 사회의 변화와 어떻게 연결되어 있고 과학 발전은 역사적으로 어떻게 이루어졌는지 등 과학 자체에 대한 성찰적인 지식을 배울 기회는 전혀 없었다고 토로한다. 특히나 현대사회에서 과학기술의 문제는 과학기술뿐 아니라 산업, 경제, 정책, 가치관, 윤리

등과 긴밀하게 연결되어 있으므로 과학기술과 세상이 바른 소통을 해야 한다고 말한다.

《멋진 신세계와 판도라의 상자》에서는 과학기술과 세상의 소통을 위해 각 분야의 과학자 14명이 자신의 전문 분야와 관련된 문제를 제기한다. 과학기술과 사회, 과학기술을 보는 논리, 과학기술과 윤리. 이렇게 세 가지의 장으로 나누어서 총 열다섯 가지의 시선을 제시한다. '과학기술과 사회'에서는 과학기술이 경제, 역사, 정치, 언론 등의 분야에서 어떠한 의미가 있으며 어떤 문제가 발생하는지 제시한다. '과학기술을 보는 논리'에서는 기후 변화, 생명과학, 정보기술, 환경 등 사회적으로 논란이 되고 있는 문제들을 다루고 있다. 마지막으로 '과학기술과 윤리'에서는 공공의 이익을 위한 착한 과학기술에 대해서 논하고 과학자들의 의사소통에 대해 이야기한다. 이렇게 다양한 분야에서의 논쟁은 우리의 현실을 다각도에서 살펴볼 수 있게 해준다. 그리고 과학기술과 소통하는 방법을 익힐 수 있는 기회를 제공한다.

세계관이 변화한 역사

중세 말, 가톨릭이 구교와 신교로 분열을 하게 되면서 교회의 힘이 약해지게 되었다. 그 틈을 타서 왕권이 점점 성장했다. 결국 세계가 신에 의해서 움직여진다고 믿었던 신 중심의 절대주의적 세계관이 깨졌다. 그리고 상대주의적이고 인간중심적인 세계관이 등장하며 무신론적 과학기술주의가 그 자리를 대체했다. 이는 과학적인 사고가 모든 사유를 지배하는 세속적인 시대가 열림을 뜻한다. 이러한 중세 봉건주의의 몰락으로 인해 본격적인 근대사회로 들어서게 되었다.

근대 사회에서는 정치적으로 민주공화국의 체제를 구성하고, 경제적으로는 시장사회가 태동하게 되었다. 지식적으로 과학기술의 시대가 열리게 되어 자연에서의 현상을 있는 그대로 관찰하면서 새로운 발견이 가능했다. 즉, 과학기술의 발전으로 인하여 자연계를 보는 시각이 바뀌게 된 것이다. 특히나 코페르니쿠스의 지동설을 통해 우주를 보는 시각이 달라지면서 과학 분야뿐 아니라 사회 속의 인간에 대해 생각하는 철학의 틀도 바뀌게 되었다.

인간이 살아가는 사회에 과학과 기술이 큰 영향을 미치는 지금의 관계는 태초부터 구성되어 온 체제가 아니다. 과학기술과 사회의 관계에 대해 논하기 전, 이들이 밀접한 관계를 형성하게 된 배경은 무엇인지를 먼저 알아볼 필요가 있다. 그러기 위해서는 인간이 과거에 어떠한 사회를 형성하며 살아왔는지 살펴봐야 한다. 그러므로 이 책을 학생들과 읽기 전에 역사의 흐름과 그 속에서의 과학의 발전, 의미 등을 먼저 살펴보는 활동이 필요하다. 과학, 역사, 정치, 경제 등 다양한 과목과 연계하면 이 책에 대한 관심과 재미를 더하는 데 도움이 될 것이다.

과학혁명,
세상을 혁신하다

근대 사회의 과학은 학문적 성장뿐 아니라 이 시대 사람들의 사고의 체계와 자연관을 바꾸어 놓았다. 17~18세기에 나타난 이러한 변화를 '과학혁명'이라고 한다.

코페르니쿠스에 이어 케플러와 갈릴레이, 그리고 뉴턴에 이르기까지 많은 과학자들이 르네상스 이후의 근대 과학을 발전시켰다. 뉴턴은 만유인력의 법칙을 발견했다. 이로 인해 인류는 신의 뜻에 의한 것이라 여겨지던 자연현상을 과학, 역학적인 원리로 설명할 수 있게 되었다. 더 나아가 과학자들은 우주 전체가 하나의 법칙에 의해 움직이고 있음을 밝혀냈다. 이러한 과학혁명은 유럽 세력이 비유럽 지역을 정복하는 데 필요한 각종 기술이 발전하는 토대가 되었다.

나침반, 천문학, 조선업, 화약, 주철기술 등의 발달로 인해 포르투갈, 스페인 등 여러 유럽 국가들이 해양 강국으로 명성을 떨치며 무역을 통해 부를 쌓았다. 그리고 여러 나라를 식민지로 삼아 그 지역에서 다양한 천연자원을 가져오기도 했다. 과학 실험에 필요한 여러 가지 실험 기구의 발달도 매우 중요한 부분이었고, 이것은 훗날 산업 발달에도 큰 영향을 끼쳤다. 기계를 움직이는 증기기관이 발명되면서 기존의 수공업은 기계공업으로 바뀌었다. 이로 인해 생산력이 급격하게 증대했다.

이처럼 과학혁명은 과학사적으로도 의미가 있지만 정치, 경제, 문화 등 많은 부분에 있어서 결정적인 영향을 끼쳤다. 과학은 세상과 소통하는 학문임이 부각된 시기라고 할 수 있다. 이 시기에 각 분야에서 과학이 끼친 영향을 알아본다면 세상을 보는 시선이 넓어지고 통찰력을 키울 수 있다.

역사적인 변화에 의해 발전하게 된 과학, 과학의 발전으로 인해 변화하게 된 역사. 지금도 과학과 사회의 톱니바퀴는 서로 맞물려 끊임없이 돌아가고 있다.

멋진 신세계 속 우리

과학기술은 지금도 발전에 발전을 거듭하며 우리에게 윤택한 생활을 선사해 준다. 육체적인 노동에서 벗어나 시간적 여유를 가지고 자신이 원하는 다양한 활동을 할 수 있다. 교통수단의 발달로 우리의 생활권이 넓어졌다. 먼 거리의 이동도 수월하게 하며, 공간에 구애받지 않고 서로 연락을 주고받는다. 직접 만나지 않아도 가상의 공간에서 서로의 삶을 함께 공유한다.

우리에게 장밋빛 미래만을 가져다줄 것 같은 과학기술. 과연 과학기술은 우리에게 긍정적으로만 작용할까에 대한 생각도 해야 한다. 과학기술이 사회에 미치는 영향과 문제점을 생각해 보며, 지금까지의 발전에 대해 다시금 성찰하고 앞으로의 발전 방향을 정립해야 할 필요가 있다. 이러한 과정은 과학기술의 발전을 더욱 가치 있게 만들어 줄 것이다.

멋진 신세계에서 살아가고 있는 우리에게 이 책의 열다섯 가지 시선은 그동안 몰랐던 사실을 일깨워 준다. 그리고 어렴풋이 알고 있던 사실에 대해 심도 있게 이해할 수 있도록 도와준다. 물론 과학기술의 발달 속도는 매우 빠르고 분야도 점점 확대되는 추세다. 그러므로 열다섯 가지 사례뿐 아니라 다양한 분야에 대한 조사를 통해 심층적으로 이해하고 비판적으로 사고하는 활동으로 확장한다면 이 책을 더욱 깊게 이해할 수 있을 것이다.

나도 모르게
일상을 파고든 과학기술

과학기술이 영향을 미치는 범위가 항상 큰 것만은 아니다. 사회뿐 아니라 우리의 일상 속에서도 개개인에게 영향을 미치고 있는 많은 예를 찾을 수 있다.

생수를 사기 위해 마트에 갔을 때 '미네랄이 다량 함유된 알칼리 이

온 환원수'라고 적힌 생수가 있다면 우리는 이 물을 아무런 의심 없이 집어들 것이다. 우리 몸에 필요한 영양소인 미네랄이 함유되어 있으니 의심은커녕 우리 몸에 좋은 물이라고 생각하며 마실 것이다. 하지만 미네랄 워터에 들어 있는 미네랄은 그 양이 너무나도 미미해서 우리가 필요로 하는 만큼의 영양소를 제공해 주지 못한다. 이는 곧 우리의 건강에 별 도움이 되지 않음을 뜻한다.

미네랄이 무조건 많이 들어가 있으면 좋다고 생각할 수도 있다. 하지만 미네랄이 기준치를 초과해 들어 있는 경우 각종 부작용이 생길 수 있다. 기업은 경제적인 이윤을 얻기 위해 사람들이 비판 없이 받아들이는 과학적 용어를 사용해 제품을 홍보한다. 때론 내용을 과장하거나 허위 사실을 알리기도 한다. 그렇기에 우리는 그 진위 여부를 가리기 위해서라도 기본적인 과학 지식을 가지고 있어야 한다.

멋진 신세계에서
현명하게 살아가기

이 책을 추천한 김한중 전 연세대 총장은 우리가 과학기술의 밝은 면과 어두운 면에 대해 제대로 인식하지 못했음을 지적한다. 그리고 《멋진 신세계와 판도라의 상자》에 담긴 다양한 시각이 과학기술에 대한 올바른 이해와 사회적 파장에 대한 관심을 일깨울 것을 기대한다. 그의 말대로 많은 사람들이 우리 사회의 과학기술과 관련된 문제에 대하여 좀 더 민감하게 사고할 수 있는 계기를 마련할 수 있었으면 좋겠다.

과학기술과 사회를 연결하는 고리는 바로 우리가 아닐까?

더 읽을거리

《장하석의 과학, 철학을 만나다》 장하석 지음 | 지식플러스

난이도: ★★★★

이 책은 과학에 대해 새로운 시선을 가지고 접근하는 이들을 위한 안내서 역할을 해준다. 과학이란 무엇인지에 대해 답하고 과학 지식의 한계를 풀어 나가는 모습을 저명한 과학철학자들의 이론을 통해 풀어 나간다. 그리고 실제 과학사에서 어떤 탐구가 이루어졌는지 보여 준다. 마지막엔 지식의 정립되는 과정의 중요성을 논하며 창의력을 키울 수 있는 교육을 강조한다.

관련 기사를 찾고 스크랩하는 활동

전 세계는 지금 첨단산업에 대한 지원을 아끼지 않고 있다. 첨단산업이란 첨단 기술과 고도의 지식이 집약되어 만들어지는 산업이다. 로봇, 우주, AI, 통신 등의 분야가 이에 속한다.

첨단산업은 과학기술의 발달을 기반으로 급속도의 성장을 보이고 있다. 그리고 이러한 변화는 우리의 삶에 직접적인 영향을 주기 때문에 관련 기사들이 매일 쏟아지고 있다. 그 기사를 통해 현재 과학기술의 동향을 파악하고, 과학기술이 우리 사회에 주는 영향을 파악할 수 있다. 한 가지 주제를 잡아서 활동을 하며 심도 있는 접근을 하거나 다양한 분야를 종합적으로 살펴보며 전체적인 흐름을 파악할 수 있다.

'생각해 볼 문제'로 토론하기

《멋진 신세계와 판도라의 상자》의 각 장 마지막에는 '생각해 볼 문제'와 '읽어 볼 책들과 참고 문헌'이 제시되어 있다. 다소 높은 수준의 문제가 제시되어 있으므로 고등학생 이상을 대상으로 한 수업 시간에 활용하는 것이 좋다. 혼자 생각하는 것보다는 여러 명이 모여서 서로의 생각을 나누길 권한다. 나의 생각을 표현하고 상대의 생각을 수용해 더 나은 방안을 모색할 수 있기 때문이다. 이때 너무 많은 인원이 함께 논의하면 발언의 주도권을 갖는 사람이 생기거나 발언을 않고 듣기만 하는 사람이 생길 가능성이 높다. 그러므로 이 활동은 4~6명 정도의 소규모 토의·토론 형식으로 진행하면 더욱 효과적이다.

토론 주제는 학생의 수준에 맞게 선별하거나 수정해서 활용하기를 권한다. 또는 학생들이 논의하고 싶은 문제를 직접 만들어서 활동하는 것도 의미 있을 것이다.

수학자의
열정적인 연구 과정을
살펴보고 싶다면?

100년의 난제 푸앵카레 추측은
어떻게 풀렸을까?

가스가 마사히토 지음, 이수경 옮김 | 살림Math

난이도
★★★★★

#푸앵카레 추측 #수학자의 연구 #학문에 대한 열정

#우주의 형태 #위상기하학

류수경 서울 내곡중 수학 교사

수학에
더 가까이 다가가기

'수학'과 관련된 책이라고 하면 어떤 책을 상상하는가? 아마도 수식이 잔뜩 적혀 있거나 도형이 마구 그려져 있는 책을 상상할 지도 모른다. 학교에서 적어도 일주일에 3시간 이상씩 수학 수업을 들으며, 학원에서 또 수식을 만나는 것도 지긋지긋한데 수학과 관련된 책까지 읽어야 하다니 마치 두꺼운 문제집이 한 권 더 내 눈앞에 쌓인 것 같다.

《100년의 난제 푸앵카레 추측은 어떻게 풀렸을까?》를 쭉 넘겨 보자. 간간히 보이긴 하지만 수식이나 도형이 그렇게 많지는 않은 것 같다.

하지만 쉬울 것 같지는 않다. '100년의 난제'를 다루고 있다는데 어떻게 쉽게 다가갈 수 있겠는가? 다시 한 발짝 뒤로 물러난다. 하지만 궁금하지 않은가? 100년의 난제인 '푸앵카레 추측'이 어떻게 풀렸는지 알려 주는 책이라는데. '푸앵카레 추측'이 무엇인지, 왜 사람들이 100년 동안 이 문제를 풀려고 노력했는지, 누가 어떻게 풀었는지 말이다.

2006년 미국의 과학 잡지 〈사이언스〉는 올해의 과학 뉴스 1위로 '푸앵카레 추측 해결'을 선정했다. 그리고 그 난제를 해결한 사람은 러시아의 수학자 그리고리 페렐만이었다. 이것이 다큐멘터리 제작자인 저자의 호기심을 자극했고, 취재로 이어져 다큐멘터리 프로그램과 책으로 태어났다. 영상으로 제작된 프로그램을 글로 옮긴 책답게 도입부인 프롤로그가 꽤 강렬하다.

'푸앵카레 추측'이란 1904년 프랑스의 수학자 앙리 푸앵카레가 제기한 가설이다. 우리는 이 책을 통해 수학에 좀 더 가까이 다가가려고 한다. 가까워진다는 것이 '쉬워진다'는 뜻은 아니다. 나와는 다른 세계라고 생각하고 관심도 갖지 않던 수학의 현장을 좀 더 가까이 들여다보자는 것이다. 따라서 이번 여행은 푸앵카레 추측이 만들어지고 증명되기까지의 여정을 따라가는 것이다. 수학의 정리가 어떻게 만들어지고 증명되는지, 수학자들이 어떻게 연구하는지, 그들에게 어떤 고뇌의 순간이 있으며 그것을 어떻게 극복하는지 등을 둘러보면 된다.

질문
던지기

우연히 본 드라마의 다음 편을 챙겨 보게 되는 것은 바로 궁금증 때문이다. 아무리 뻔한 결말이어도 어떤 식으로 전개될지 궁금해 텔레비전을 켜게 된다. 책도 마찬가지다. 궁금함이 있다면 좀 더 책을 읽어내기 수월할 것이다. 잘 생각나지 않을 수도 있지만 단순하고 유치한 질문도 좋으니 많이 만들어 내자. 누가 보는 것도 아니고 혼자 생각하는 것이니 부담 갖지 말자. 그러다 보면 진짜 좋은 질문이 나올 수 있다. 질문은 책장을 계속 넘기게 해줄 것이다. 읽고 나서 이 질문들이 해결되었는지 점검해 보는 것도 좋겠다. 예를 들어 '푸앵카레는 누구인가?', '푸앵카레 추측은 무엇인가?', '푸앵카레 추측이 왜 중요한가?' 등의 질문을 할 수 있다.

푸앵카레 추측
둘러보기

'에라토스테네스의 체'로 유명한 수학자 에라토스테네스는 실제 지구 전체를 여행하지 않고도 지구의 둘레를 계산해 냈다. 기원전 3세기의 그리스 사람들은 지구 밖으로 나가 지구가 어떻게 생겼는지 볼 수도 없었고, 실제로 지구의 둘레를 도는 여행을 할 수도 없었다. 하지만 이 수학자는 같은 시각 시에네와 알렉산드리아에서 그림자의 길이가 다르다는 것을 알게 된 후 지구가 둥글 것이라고 추측했으며, 수학적 계산을 통해 지구의 둘레를 구해 냈다.

푸앵카레 추측도 단순히 수학 공식에서 그치는 것이 아니다. '단일 연결인 3차원 다양체는 구면과 같다'는 명제는 우주의 형태를 해명하게 할 중요한 열쇠가 된다. 우주의 형태를 알고 싶은 우리의 한계는 기원전 3세기와 같다. 우리는 우주 밖으로 나갈 수 없고 우주의 내부조차 모두 훑어볼 수 없다. 하지만 푸앵카레는 우주 밖으로 나가지 않아도 우주가 어떻게 생겼는지 알 수 있는 실마리를 찾아냈다. 그것이 바로 푸앵카레 추측이다.

푸앵카레 추측이 어떤 것인지 위의 한 문장으로는 도저히 이해가 가지 않을 것이다. 또한 푸앵카레 추측이 우주의 형태를 알아내는 것과 어떤 관계가 있는지는 더 금시초문이다. 자세한 내용은 책에서 확인하자. 만만치는 않을 것이다. 앞뒤를 넘겨 가며 차근차근 읽고 이해해 보자. 도저히 머리가 복잡한 때는 잠시 책을 덮었다가 나중에 읽어도 좋다. 아니면 대충 의미만 파악해도 좋다. 답답한 마음을 잠시 누르고 책에서 이야기하는 '밧줄 실험'에 집중해 본다면 우주의 비밀에 한 걸음 다가갈 수 있을 것이다. 푸앵카레가 논문 마지막에 적었다는 문장처럼 말이다. "그러나 이 문제는 우리를 아득히 먼 세계로 데려갈 것이다."

푸앵카레 추측이 몰고 온
새로운 수학

일반인이 알고 있는 수학 분야에는 '대수'와 '기하'가 있다. 일반적인 정의로는 수 대신에 문자를 쓰는 수학으로 방정식이 '대수학'에 속하고, 도형을 다루는 분야가 '기하학'에 속한다. 학생들은 이 둘 사이의 경계가 확실하다고 생각한다. 실제로 이두 분야는 처음에는 다른 길을 걸어 왔다.

이 둘의 경계를 무너뜨린 수학자가 바로 데카르트다. 너무도 유명한 일화로, 침대에 누워서 천장을 날아다니는 파리를 보면서 데카르트가 만들었다는 좌표계는 자와 컴퍼스로 그리던 도형을 좌표 위로 올렸다. 그리고 그 도형을 이루는 점들을 x, y라는 순서쌍의 집합으로 만들었고, 순서쌍을 이루는 수들 사이의 관계식을 방정식으로 표현했다. 직선, 타원 등 여러 가지 도형을 자와 컴퍼스로 그리는 것이 아니라 대수학의 방정식으로 표현할 수 있게 된 것이다. 이로부터 기하학과 대수학이 연결되어 근대적인 수학 발전의 토대가 된 해석 기하학이 탄생했다. 중학교 수학의 '일차 함수' 단원에서 배우는 직선의 방정식이나 고등학교 과정에서 배우는 원, 타원, 포물선 등의 방정식이바로 해석기하학 분야를 배우는 것이라고 볼 수 있다. 이렇게 수학은한 수학자의 창의적인 발상을 계기로 끝이 없이 개척되었다.

푸앵카레 추측이 데려간 '아득한 세계'에 대해 다시 이야기해 보자. 앞에서 말했듯이 푸앵카레 추측은 우리를 우주라는 아득한 세계로 데려가 준다. 하지만 거기서 끝이 아니라 또 다른 아득한 세계도 있다. 바로 새로운 수학의 물결이다. 20세기 초의 수학자들에게 기하학의주류적인 사고는 '미분기하학'이었다. 앞에서 언급한 x, y와 ^{3차원이라면 z}

미분 기호가 지배하는 세계다. 그런데 수학은 물론 생물학과 철학, 천문학 등 다방면에 능통했던 푸앵카레는 우주의 모양을 이해하기 위해 완전히 다른 발상으로 도형을 바라봐야 한다고 생각했다. 이렇게 해서 태어난 것이 위상기하학topology이라는 새로운 기하학이다.

위상기하학이란 무엇일까? 책에서는 구와 원뿔과 원기둥을 예로 들어 설명한다. 우리는 이 도형들의 형태를 떠올리며 각각의 특징에 따라 다른 도형이라고 생각한다. 또 같은 원뿔이라도 높이와 반지름이 다르면 역시 다른 도형으로 취급한다. 그런데 이것은 미분기하학에서 생각하는 기준일 뿐이다. 위상기하학의 세계에서는 구와 원뿔과 원기둥은 전부 같은 모양이 된다. 이게 무슨 말인가? 원뿔과 원기둥이 전부 같은 모양이라니. 그렇다면 위상기하학에서는 어떤 기준으로 물체를 구별할까?

다른 예를 들어 보자. 테이블 위에 찻잔과 도넛 접시, 스푼, 그리고 찻주전자가 나란히 놓여 있다. 이 테이블 위에 있는 물체를 위상기하학의 시점에서 분류해 본다면? 스푼과 접시, 그리고 찻주전자의 뚜껑은 모두 위상기하학의 입장에서 같은 모양이고 찻잔은 도넛 접시와 같은 모양이며, 찻주전자 본체는 또 다른 모양이다. 그 까닭이 무엇일지는 책을 찾아보도록 하자. 그리고 위상수학의 눈으로 세상을 보자. 세상이 다르게 보일 것이다.

푸앵카레 추측은
어떻게 풀렸나?

　　　　　　　　푸앵카레의 추측은 1950년대, 푸앵카레가 문제를 제기한 지 반세기 가까운 세월이 흐른 후부터 본격적으로 연구되기 시작했다. 이 문제는 2002년에서 2003년에 걸쳐 페렐만이 발표한 세 개의 논문에 의해 해결되기까지 수많은 수학자들의 도전을 받았다. 결과만을 본다면 페렐만이 아닌 다른 수학자들의 도전은 실패했다고 말할 수 있다. 이 책의 3분의 1 이상이 그 '의미 있는' 실패를 다루고 있다.

　첫 번째 의미는 이 도전들이 푸앵카레 추측의 해결에 발판이 되는 정리들을 발견했다는 것이다. 그 예로, UC 버클리 교수였던 스티븐 스메일 박사의 획기적인 아이디어를 들 수 있다. 그는 발상의 전환을 통해 푸앵카레 추측의 배경이 되는 3차원 세계가 아닌 4차원 이상의 고차원 세계에서 푸앵카레 추측을 해결하려는 시도를 했다. 이 시도는 푸앵카레의 추측을 7차원에서 4차원까지 차례로 해결되게 했다. 이제 남은 것은 3차원에서의 증명뿐이었다. 수학계에서는 곧 푸앵카레 추측을 증명할 수 있을 것이라는 낙관적 기운이 감돌았다.

　두 번째는 이 도전들을 통해 발전한 위상기하학이 다양한 분야의 학문에 응용되었다는 것이다. 르네 톰과 에릭 크리스토퍼 지먼이 제창한 '카타스트로프Catastrophe 이론'은 생물학과 경제학에 응용되면서

한 시대를 풍미했고, '그래프 이론'은 전기회로망, 정보이론, 신호이론 등 공학 쪽에 응용되었다. 특히 우리가 많이 들어 본 최첨단 물리학의 한 분야인 초끈이론super-string theory은 '호모토피homotopy 대수'라는 위상 기하학의 개념을 도입하여 비약적으로 발전했다.

가장 중요한 세 번째 의미는 수학자들이 어떻게 연구하는지와 문제 해결 과정에서 인간으로서 갖는 고뇌는 무엇인지 엿볼 수 있다는 점이다. 자신의 연구를 위해 '수도승'이라는 별명이 붙을 정도로 절제된 생활을 했던 수학자의 이야기나 푸앵카레 추측에 매달려 제정신을 잃을 뻔했다며 당시를 회상하는 늙은 수학자의 이야기에서 수학자들이 어려움에 부딪혔을 때 하게 되는 고민들을 읽을 수 있다. 반면에 1년 중 절반은 대학에서 열심히 연구하고, 나머지 절반은 캘리포니아에서 휴가를 보낸다는 한 수학자는 그의 인터뷰에서 꼭 연구실이 아니어도 창조성 넘치는 일을 할 수 있다고 이야기하고 있다. 이를 통해 수학자가 세상과 단절되어 연구만 하는 사람이라는 편견에서 벗어날 수도 있다.

4차원에서의 푸앵카레 추측이 증명되면서 3차원에서도 곧 증명될 것이라는 기대와는 달리 1970년대 이후 진전이 없었다. 하지만 1982년에 발표된 윌리엄 서스턴 박사의 '기하화 추측'에서 다시 전환점이 마련되었다. 서스턴의 추측은 우주의 가능한 형태는 여덟 가지밖에 없다고 추측한 것으로, 이 추측이 증명된다면 동시에 푸앵카레 추측도 증명할 수 있다는 것이다. 이제 수학자들을 기하화 추측을 증명하기 위해 전력을 다 하기 시작했다. 그중에 한 사람이 바로 러시아의 수학자 그리고리 페렐만 박사다.

페렐만의 어린 시절부터 그가 연구를 하던 시절, 푸앵카레의 추측을 증명한 이후의 행적까지……. 그에 대한 이야기는 흥미로운 것이 많다. 물론 페렐만의 증명을 수학적으로 모두 설명하기는 어렵다. 우리가 알아야 할 것은 그가 증명을 하는 데 사용한 방법이다. 2003년 열린 푸앵카레 추측의 증명에 대한 강의에서는 토폴로지 전문가들도 그의 증명을 이해하기 어려워했다. 그가 토폴로지가 아닌 미분기하학을 사용했기 때문이다. 게다가 증명에는 물리학의 연장선에 있는 열역학의 이론까지 끌어오고 있었다.

페렐만의 증명은 한 편의 드라마와 같다. 마치 추리소설에서 사건이 꼬였을 때 처음으로 되돌아가 사건의 실마리를 찾는 순간처럼 눈이 번쩍 뜨이는 대목이다. 게다가 물리학의 아이디어를 끌어와 증명하다니. 수학은 또 끝도 없이 새로운 세계를 열었다.

아직 남은 이야기

그럼 이제 우주의 형태가 밝혀진 것인가. 그렇지 않다. 푸앵카레 추측을 통해 우리는 우주의 형태를 알 수 있는 실마리 하나를 찾은 것이다. 페렐만 박사의 증명으로 우주 형태의 종류8가지는 모두 밝혀졌다. 하지만 지금까지의 관측 내용으로는 우주가 실제로 그중 어떤 형태에 해당하는지 알 수 없다. 그럼에도 우주의 비밀은 조금씩 벗겨지고 있다. 어떤 겁 없는 도전자가 나타나 또 다른 열쇠를 넘겨주기를 기다린다.

이 책은 푸앵카레 추측 한 가지만을 이야기하고 있지 않다. 수학의 일부분을 통해 수학의 전부를 이야기하고 있다. 하나의 명제가 새로운 수학을 만들고, 수학자들을 도전하게 만들고, 우주의 모양을 밝히는 데 까지 영향을 주었다.

수학은 누가 만들었는가? 인간의 호기심이 수학을 만들었다. 수학은 무엇을 보여 주는가? 수학은 우리에게 아득한 세계를 보여 준다.

《**로지코믹스**》 아포스톨로스 독시아디스 외 지음, 알레코스 파파다토스 외 그림, 전대호 옮김 | 랜덤하우스코리아

난이도: ★★★★☆

'수학의 토대'를 찾고자 평생을 고뇌했던 수학자이자 철학자 버트런드 러셀의 삶을 그린 만화책이다. 만화책이지만 수학과 논리에 대한 이야기가 많아 어렵다. 그가 왜 그렇게 수학의 토대를 찾으려 했는지, 이것을 통해 어떤 수학적인 발전이 있어왔는지 알아보자.

EBS 다큐 프라임 〈사라진 천재 수학자〉

푸앵카레의 추측이 생겨나서 페렐만이 증명하기까지의 과정을 소개한 다큐멘터리다. 책만 읽어서는 푸앵카레의 추측이나 위상수학에 대해서 이해가 잘 가지 않는다면 영상으로 설명하는 이 다큐멘터리의 도움을 받아 보자.

필즈메달 수상자 인터뷰 찾아보기

이 책을 통해 수학자와 그들의 연구에 대해 관심이 생겼다면 다양한 수학자들의 이야기들을 찾아보자. 교과서나 역사책에 나오는 수학자에 대해 조사해 보는 것도 좋지만 현 시대 수학자들의 주요 연구와 연구과정, 그리고 수학에 대한 생각들을 찾아보는 것도 흥미로울 것이다. 그렇다면 현 시대의 유명한 수학자들을 어떻게 알 수 있을까? 가장 쉬운 방법으로는 수학의 노벨상이라고 불리는 필즈메달 수상자를 찾아보는 것이다. 그들의 인터뷰는 인터넷 검색으로 쉽게 찾을 수 있다. 물론 그들의 연구를 수학적으로 이해할 수는 없지만 푸앵카레의 추측처럼 연구의 결과가 어떤 의미를 가지는지 안다면 수학의 필요성이나 중요성에 대해 느낄 수 있을 것이다. 또한 수학자들의 연구 과정과 열정도 함께 느낄 수 있다.

과학과 수학의 관계에 대해 토론해 보기

과학과 수학은 어떤 관계를 맺고 있을까? 수학을 단순한 '계산'이라고 생각한다면 수학은 과학의 도구에 그칠 뿐이다. 하지만 이 책에서 보았듯이 어떤 수학의 개념이 새로운 과학적 발견의 실마리가 되기도 한다. 또 어떤 관계가 있을 수 있을까? 과학의 개념이 수학적 발견의 실마리가 될 수도 있을까? 자신의 생각을 정리해 보고 근거가 될 수 있는 다양한 자료들을 찾아 토론해 보자.

뇌과학이 무엇인지
감을 잡고 싶다면?

더 브레인

데이비드 이글먼 지음, 전대호 옮김 | 해나무

난이도
★★★★★

#브레인 #뇌 #뇌과학 #당신의 이야기 #지각하다

#결정하다 #상상하다

유연정 경기 안양초 교사

친절한
뇌과학 입문서

　　　　　　　과학 분야에 관심을 가진 독자가 많아지면서 다양한 종류의 과학책이 출간되고 있다. 최근 과학책들을 살펴보면 새로운 분야에 대한 독자들의 수요가 증가하고 있음을 알 수 있는데, 그 분야가 바로 뇌과학이다. 뇌과학을 다루는 책이 많아지는 추세는 독자들의 높은 관심에 따른 결과다. 소비자의 뇌 반응을 측정해서 마케팅에 응용하는 기법인 뉴로 마케팅, 신경과학을 법학에 접목한 신경법학 neurolaw 등의 새로운 학문도 점차 알려지고 있다.

　　뇌과학 분야에 관심이 있는 학생에게 《더 브레인》을 입문서로 추천한다. 천문학 베스트셀러 《코스모스》를 쓴 세계적인 과학 저술가 칼 세이건에 빗대어 이 책의 저자인 데이비드 이글먼을 '뇌과학계의 칼 세이건'이라고 부른다. 저자는 이 책을 쓸 때 논문을 쓸 때와 다르게 접근했다고 말한다. 일반 독자의 눈높이에 맞추어 뇌과학을 쉽고 친절하게 설명하는 대중성을 잃지 않으면서도 지식을 충실하게 전달한다. 그러므로 우리는 호기심과 탐구심만 가지고 책장을 넘기면 된다.

이 책은 미국 공영방송 PBS와 영국 공영방송 BBC에서 6부작으로 방영된 〈데이비드 이글먼이 말하는 뇌 The Brain with David Eagleman〉의 내용을 담았다. 어려운 뇌과학을 쉽게 풀어 주고, 다양한 사례로 이해를 돕는다. 저자는 '나는 누구일까?', '실재란 무엇일까?', '누가 통제권을 쥐고 있을까?', '나는 어떻게 결정할까?', '나는 네가 필요할까?', '미래에 우리는 어떤 존재가 될까?'라는 6개의 물음을 중심으로 뇌에 대한 우리의 궁금증을 해결해 준다.

10대의 뇌
이해하기

인간은 미완성의 상태로 태어난다. 갓 태어난 아기는 제대로 보지도, 걷지도, 말하지도 못한다. 꽤 오랜 시간 부모의 보살핌을 받아야 한다. 20세 무렵이 되면 사회적으로 독립할 수 있지만 뇌의 성장은 그 뒤로도 계속되어 25세 즈음에 완성된다. 특히 생후 2년 동안 다양한 감각으로 정보를 받아들이면서 뉴런의 연결이 빠르게 진행된다. 그리고 자아를 형성하는 데 영향을 주는 신경학적 재조직화는 10대 시절에 이루어진다.

이 책에서는 10대의 뇌를 연구하기 위해 10대 청소년과 성인을 피험자로 설정해 상점의 진열창 안에 앉혔다. 이들은 투명한 유리 너머로 행인들의 구경거리가 되었다. 이때 성인은 예상 가능한 스트레스를 받았다. 하지만 10대의 경우에는 과도한 불안을 느끼고, 심한 경우 몸을 떠는 경우도 발생했다. 이러한 결과의 차이는 뇌와 관련이 있다. 자아가 정립되지 않았기 때문에 실험에서와 같은 상황은 10대 아이들에게 감정적 과민성을 불러일으킨 것이다.

그리고 10대는 주변의 쾌락 추구적인 유혹에 쉽게 반응한다. 그렇기 때문에 성적인 호기심을 제어하지 못하고 위험한 행동도 한다. 감정이 예민하면서 이를 억누르는 능력은 약하다 보니 어른의 시각으로는 이해하지 못할 행동들을 하게 되는 것이다.

10대의 행동이 이해되지 않는가? 그건 그 아이의 의지가 약하거나 나쁜 아이여서가 아니다. 청소년기에 드러나는 성품은 이 시기의 뇌의 성장에 따라 나타나는 결과다. 그래서 저자는 청소년기 자녀를 둔 전 세계의 부모에게 이렇게 이야기한다. "10대 청소년들의 성품은 단순히 선택이나 마음가짐의 결과가 아니다. 그 성품은 강렬하고 불가피한 신경학적 변화의 기간이 만들어 내는 산물이다." 10대의 이해되지 않는 행동에 힘들어하는 부모나 교사가 있다면 아이들의 행동에 뇌과학적으로 접근해 보길 바란다.

무의식적
뇌의 활동

길을 걷다가 운동화 끈이 풀렸을 때 우리는 별로 머리를 굴리지 않고서도 쉽게 운동화 끈을 묶는다. 하지만 어린 아이에게는 너무나 어렵다. 아이는 끈으로 고리를 만들고, 감고, 빼내는 과정을 단계별로 익히고 반복해야 한다. 그래야만 특별한 생각 없이도 끈을 묶을 수 있다. 자전거를 타는 것도 마찬가지다. 이처럼 익숙해지면 자동적으로 그 행동을 할 수 있도록 해 주는 기억을 '절차 기억'이라고 한다.

우리는 반복 학습이 장기 기억과 무의식적인 도출을 위해 중요하다는 것을 알고 있다. 이 책에서는 열 살 어린이와 저자가 컵 쌓기를 하면서 뇌의 활동을 측정하는 실험을 통해 이러한 학습의 중요성을 일깨운다.

컵 쌓기 세계기록을 보유하고 있는 아이가 컵을 쌓고 허무는 데 걸린 시간은 5초다. 하지만 저자가 기록한 최고 기록은 43초다. 5초 안에 그 과정을 다 끝내려면 아이의 뇌에서는 엄청난 활동이 있을 것 같지만 실험 결과는 그 반대다. 아이의 뇌는 이 활동에 거의 반응하지 않았다. 휴식을 할 때의 반응과 비슷할 정도였다. 이미 이 활동이 익숙해 무의식적으로 수행할 수 있는 행동이기 때문이다. 하지만 저자의 뇌는 강하게 활동하고 있음이 드러났다.

모국어로 이야기할 때 우리는 무의식적으로 적합한 단어를 찾아내고 문법에 맞게 말한다. 하지만 외국어로 이야기하는 경우를 생각해 보자. 외국어로 말을 할 때는 모국어로 말할 때처럼 빠르게 말하기 어렵다. 심지어 그 외국어를 배운 지 얼마 되지 않았다면 모국어와의 비교는 무의미할 정도다. 태어나면서부터 계속적으로 듣고, 말하고, 읽기를 반복하면서 모국어 반복적인 학습이 이루어진다.

학생들은 공부해야 할 내용을 한 번만 읽거나 들어도 장기 기억이 가능하길 원할 것이다. 하지만 우리의 뇌는 그렇게 작동하지 않는다. 지속적인 반복만이 그것들을 내 것으로 만들어 준다. 내 것이 되면 그것을 장기적으로 소유하면서 무의식적으로 꺼내어 쓸 수 있다. 오늘도 열심히 공부하고 연습하는 모든 학생들을 진심으로 응원한다.

견제 받지 않은
뇌의 위험함

이 글을 읽는 독자의 뇌에서는 무슨 일이 일어나고 있을까? 《더 브레인》을 읽을 것인지 결정하기 위해서 수많은 뉴런들이 엄청나게 반응할 것이다. 뇌에서 이루어지는 이 끊임없는 분쟁은 나 자신과의 대화라고 할 수 있다. 저자는 이러한 대화를 '내적 분쟁'이라고 표현한다. 그리고 내적 분쟁에서 감정의 역할을 '전차 딜레마 실험'을 통해 설명한다.

전차 한 대가 선로를 따라 통제 불능인 상태로 달려오고 있다. 선로는 두 갈래로 나누어져 있는데 조종간을 그대로 두면 선로를 보수하고 있는 노동자 4명이 죽는다. 조종간을 조작하면 선로를 변경할 수 있다. 그런데 그 선로에는 한 명의 노동자가 작업 중이다. 어찌할 것인가? 이 경우에는 희생자의 수로 결정을 하는 수학적 접근을 하는 경우가 많다.

위와 같은 상황으로 전차 한 대가 선로를 따라 통제 불능인 상태로 달려오고 있다. 그대로 가면 노동자 4명이 죽는다. 당신은 선로가 보이는 급수탑 위에 있는데, 옆에는 덩치가 큰 성인이 서 있다. 그 사람을 급수탑 아래로 떨어뜨리면 신로 위로 떨어져서 전차를 멈출 수 있다. 그러면 노동자 4명은 목숨을 구할 것이다. 어찌할 것인가? 희생자 수를 줄이기 위해 달려오는 기차를 향해 내 손으로 다른 사람을 떠밀 수 있는가? 이 경우에는 주어진 상황의 딜레마를 해결하기 위해 논리적 문제를 담당하는 뇌의 구역이 활성화된다.

저자는 이 전차 딜레마를 현대의 전쟁에 연결시킨다. 버튼만 누르면 핵미사일과 같은 무서운 무기를 발사할 수 있다. 하지만 이 발사 버튼이 가장 친한 친구의 가슴 속에 이식되어 있다면 그 버튼을 누르기 위해 친구의 가슴을 여는 일을 쉽게 할 수 없을 것이다. 많은 사람의 생사가 달린 경우에 감정의 견제를 받지 않은 이성은 매우 위험한 결과를 초래할 가능성이 있다.

우리는 살아가면서 많은 결정을 한다. 결정은 성인만 하는 것이 아니다. 어린아이도 하고 청소년도 주어진 상황에서 결정을 한다. 나의 개인적인 문제에 대한 결정일지라도 그 결정이 타인에게 영향을 끼칠 수 있다.

나의 이득을 위해 누군가의 희생을 생각하지 않는다면 나비효과처럼 그 영향이 큰 파장을 일으킬 수도 있다. 그러므로 결정을 할 때는 이성과 감성의 균형을 잃지 않아야 함을 잊지 말아야 할 것이다.

타인과
함께하는 나

인간은 사회적으로 서로 관계를 이루며 살아간다. 뇌도 타인과 함께 살아가기에 적합하게 성장한다. 우리는 타인과 관계를 맺지 못하고 소외를 당하는 경우 아픔을 느낀다. 이러한 아픔은 신체적 아픔이 아닌 사회적 아픔이다. 하지만 사회적 아픔을 겪을 때와 신체적 아픔을 겪을 때 뇌에서는 같은 부분이 활성화된다. 뇌는 사회적 아픔과 신체적 아픔을 같은 것으로 받아들이는 것이다. 가족, 사회, 종교 등 인간이 다양한 집단을 만들고 그 곳에 소속되고자 하는데도 뇌의 작용을 배제할 수 없다.

학생들이 속해 있는 학급에서도 타인과의 활발한 상호작용이 일어나고 있다. 그중에는 자신의 의지와 상관없이 타인에게 소외당하는 경우도 있다. 이때 소외당하는 사람은 아픔을 느낀다. 우리가 올바른 관계를 형성하기 위해서는 그 아픔을 공감할 수 있는 능력이 필요하다. 이 능력을 키우기 위한 효과적인 방법은 관점을 바꿔 보는 것이다. 내가 소외당하는 입장이 되어 본다면 그 아픔을 느끼고 이해할 수 있다.

《내 머릿속에선 무슨 일이 벌어지고 있을까》 김대식 지음 | 문학동네

난이도: ★★★

'우리가 사는 세상은 뇌가 보는 것이 아니라 뇌가 알고 있는 것을 보는 것'이라는 생각을 바탕으로 뇌에 대한 다양한 이야기가 담겨 있다. 이 책의 저자는 우리가 하는 행동이나 생각은 모두 뇌가 만들어 낸 것임을 매우 친숙한 사례 25개로 쉽게 설명해 준다. 뇌에 대해서 알아야 뇌에게 속지 않고 올바른 판단을 할 수 있다. 이 책은 우리가 살아가는 세상을 뇌과학의 시선으로 바라볼 수 있는 시간을 선물한다.

《뇌를 바꾼 공학, 공학을 바꾼 뇌》 임창환 지음 | MID

난이도: ★★★★

뇌와 관련된 여러 연구들과 현재 가능한 기술들에 대하여 알고 싶을 때 읽으면 좋은 책이다. 우리의 뇌를 읽는 기술, 현재 뇌과학 연구, 앞으로의 전망, 뇌의 활동을 가시화하는 방법, 뇌의 조절 기술 등에 대한 이야기가 담겨 있다. 뇌공학에 대한 개념을 정립시켜주는 데 도움을 줄 것이다.

생각을 키우는
독서 활동

최신 뇌과학 흐름 파악하기

2019년 9월 대구에서는 뇌과학의 올림픽이라고 불리는 '세계뇌신경과학총회'가 열렸다. 이 총회는 4년마다 개최되는 뇌과학 분야 세계 최대 학술 대회로 그 관심도가 빠르게 높아지고 있다. 1982년 스위스 로잔에서 처음 시작되어 2019년 10회를 맞이했는데, 당해 총회에는 전 세계 88개국에서 4,500여 명이 참가했다.

역대 가장 많은 인원이 모인 이번 대회에서는 세계적 뇌과학자들이 모여 뇌 연구 분야의 최신 성과를 공유했다. 총회 때 이루어진 초청 강연에는 뇌 연구자 외에 일반인의 참여도 많았다. 이러한 학술 대회에 관심을 가지고 참여하거나 홈페이지 등을 통해 최신 정보를 얻고, 이를 통해 뇌과학의 흐름을 파악하는 활동을 해보자.

세계뇌신경과학총회 홈페이지http://ibro.cjint.kr에서 더 자세한 정보를 볼 수 있다.

부록

나의 첫 과학책 고르기! 교사에게 묻는다

책따세 추천 과학책 목록

1. 나의 첫 과학책 고르기! 교사에게 묻는다

질문 ① **학생의 마음에 쏙 들만 한 좋은 과학책을 어떻게 골라야 할까?**

좋은 과학책은 어떤 책일까? 이 책의 앞부분에서 설명했듯,

좋은 과학책은 우리의 일상과 밀접한 관련이 있다.

과학적인 사고 능력을 키워 주고, 연구자의 삶의 태도를 배우게 해주며

교과서에서는 한정적으로 소개하는 정보도 더욱 풍부하게 다룬다.

또한 과학적인 시선으로 새롭게 세상을 볼 수 있게 한다.

하지만 무엇보다 독자에게 딱 맞는 책이어야 한다. 독자의 상황, 정서,

독서 능력, 관심사, 욕구 등에 맞아야 좋은 책이 된다.

그렇기에 내용이 좋은 양서良書보다 학생의 상황과 요구에 꼭 맞는

적서適書를 추천하는 것이 중요하다. 그러기 위해서는 어떻게 해야 할까?

좋은 과학책을 고르는 안목은 금방 생기지 않는다.

이럴 때는 믿을 만한 단체에서 추천하는 책을 먼저 살펴보는 것도 좋다.

책따세에서는 매년 추천 도서 목록을 제시하는데 과학책도

포함되어 있다. 도서 목록은 책따세 홈페이지www.readread.or.kr에서

확인할 수 있다. 도서관이나 서점에서 찾을 수도 있다.

과학책이 진열된 곳에 가서 직접 책을 살펴보면서 고를 수 있다.

이때 책의 제목, 머리말, 차례를 살펴본다.

그러면서 저자의 집필 의도와 주제를 파악할 수 있다.

많은 학생이 과학책이 재미없다는 편견을 갖고 있다.
과학책에 호기심을 갖게 하는 쉬운 방법이 없을까?

쉽게 해볼 만한 방법이 있다. 책을 읽기에 앞서 표지를 유심히

살펴보게 하는 것이다. 표지에는 책 제목, 지은이, 출판사 등

기본적인 정보가 담겨 있다. 표지의 그림이나 디자인에도 책의 내용을

짐작할 만한 단서가 많이 있다. 학생들에게 이를 살펴보라고 지도하면

학생들이 책에 관심을 가질 수 있도록 유도할 수 있다.

저자에 내해 미리 자세히 알아보는 방법도 추천한다.

저자에 대한 기본적인 정보를 미리 안다면 책의 내용을

쉽게 짐작할 수 있고, 본격적인 독서 활동에도 도움이 된다.

질문 ③ 과학책을 읽기 부담스러워하는 학생에게 학습 만화를 추천하면 어떨까?

학생들에게 독서 동기를 만들어 주기 위해서라면 권해도 좋다.

초등학생 때 과학 학습 만화를 읽으면서 과학자의 꿈을 꾸었다는

학생도 있다. 아무래도 만화 형식이 학생들에게 친근하다.

초등학생뿐만 아니라 중학교 저학년 학생에게도 학습 만화가 과학에

흥미를 붙이는 데 도움이 될 수도 있다. 하지만 신경 써야 할 점도 있다.

만화를 보다 보면 과학 지식보다 이야기에만 집중할 수 있다.

또한 학습 만화에서는 재미있는 이야기에 치중하다 보니 과학적 탐구

과정을 너무 축약하거나 과학적 사실을 왜곡해 전달하기도 한다.

또한 만화책만 읽으면 줄글을 읽는 데 흥미를 잃을 수도 있다.

따라서 과학 학습 만화뿐만 아니라 줄글로 된 과학책을

함께 읽는 것을 추천한다.

질문 ④ 좋은 과학책이 많지만 과학 수업은 주로 교과서로 이루어진다. 학생들이 과학 교과서에 흥미를 붙이게 하는 효과적인 방법이 없을까?

교과서의 차례로 마인드맵 그리기 수업을 해보는 것을 추천한다.

마인드맵 활동은 차례를 자세하게 확인하며 공부할 내용을 미리

짐작해 보는 좋은 기회가 된다. 수업 방식은 다음과 같다.

먼저 학생들과 함께 차례를 펴서 꼼꼼하게 살펴본다.

그다음 백지 한가운데 원을 그리고 그 안에 '교과서'라는 낱말을 적는다.

그 원을 중심으로 차례에 나오는 모든 대단원과 소단원을 적는다.

그리고 각 단원의 학습 목표를 적는다.

교과서에 쓰인 학습 목표는 문장 형식이라 마인드맵에 쓰기에는

다소 길다. 그래서 중요한 단어나 구절로 요약해서 쓰게 한다.

그러면 요약하는 실력도 자연스럽게 키울 수 있다.

2. 책따세 추천 과학책 목록

중1부터(★, 아주 쉬움)

제목	저자/역자	출판사
물고기가 왜?	김준 지음, 이장미 그림	웃는돌고래
내 휴대폰 속의 슈퍼스파이	타니아 로이드 치 지음, 벨 뷔트리히 그림, 임경희 옮김	푸른숲주니어
조류학자라고 새를 다 좋아하는 건 아닙니다만	가와카미 가즈토 지음, 김해용 옮김	박하

중2부터(★★, 쉬움)

제목	저자/역자	출판사
수상한 인공지능	스테퍼니 맥퍼슨 지음, 이가영 옮김	다른
우리 만난 적 있나요?	충남야생동물구조센터 지음	양철북
우리 새의 봄, 여름, 가을, 겨울	김성호 지음	지성사
끈, 자, 그림자로 만나는 기하학 세상	줄리아 E. 디긴스 지음, 김율희 옮김	다른
문버드	필립 후즈 지음, 김명남 옮김	돌베개

중3부터(★★★, 보통)

제목	저자/역자	출판사
십대, 별과 우주를 사색해야 하는 이유	이광식 지음	더숲
서민의 기생충 열전	서민 지음	을유문화사
빅브라더를 향한 우주전쟁	강진원 지음	지식과감성#
바이러스 행성	칼 짐머 지음, 이한음 옮김	위즈덤하우스
모든 생명은 서로 돕는다	박종무 지음	리수
내 머릿속에선 무슨 일이 벌어지고 있을까	김대식 지음	문학동네

사라져 가는 것들의 안부를 묻다	윤신영 지음	MID
탐정이 된 과학자들	마릴리 피터스 지음, 지여울 옮김	다른
수학의 원리 철학으로 캐다	김용운 지음	상수리
천년 그림 속 의학 이야기	이승구 지음	생각정거장
리처드 파인만	크리스토퍼 사이크스 지음, 노태복 옮김	반니
김산하의 야생학교	김산하 지음	갈라파고스
청소년 농부 학교	김한수, 김경윤, 정화진 지음	창비교육
지금은 부재중입니다 지구를 떠났거든요	엘랑 심창섭 지음	애플북스
우리는 지금 미래를 걷고 있습니다	김정민 지음	우리학교
물속을 나는 새	이원영 지음	사이언스북스
134340 플루토, 끝나지 않은 명왕성 이야기	김상협, 정상민, 김홍균 지음	지성사

고1부터(★★★★, 어려움)

제목	저자/역자	출판사
어메이징 그래비티	조진호 지음	궁리
수냐의 수학영화관	김용관 지음	궁리
국경 없는 과학기술자들	이경선 지음	뜨인돌
자연에는 이야기가 있다	조홍섭 지음	김영사
돈키호테는 수학 때문에 미쳤다	김용관 지음	생각의 길
뇌를 바꾼 공학, 공학을 바꾼 뇌	임창환 지음	MID
뼈가 들려준 이야기	진주현 지음	푸른숲
사소한 것들의 과학	마크 미오도닉 지음, 윤신영 옮김	MID
매력적인 심장 여행	요하네스 폰 보르스텔 지음, 배명자 옮김	와이즈베리
로봇 시대, 인간의 일	구본권 지음	어크로스
김상욱의 과학공부	김상욱 지음	동아시아

스페이스 크로니클	닐 디그래스 타이슨 지음, 박병철 옮김	부키
시티 그리너리	최성용 지음	동아시아
세상을 바꿀 미래 과학 설명서 3	신나는과학을 만드는사람들 지음	다른
김명호의 과학 뉴스	김명호 지음	사이언스북스
길 위의 수학자	릴리언 R.리버 지음, 휴 그레이 리버 그림, 김소정 옮김	궁리
나는 미생물과 산다	김응빈 지음	을유문화사
이상한 미래 연구소	잭 와이너스미스, 켈리 와이너스미스 지음, 곽영직 옮김	시공사
우주에도 우리처럼	아베 유타카 지음, 아베 아야코 해설, 정세영 옮김	한빛비즈
수학이 필요한 순간	김민형 지음	인플루엔셜
마우나케아의 어떤 밤	트린 주안 투안 지음, 이재형 옮김	파우제
궤도의 과학 허세	궤도 지음	동아시아

고2부터(★★★★★, 매우 어려움)

제목	저자/역자	출판사
은밀하고 위대한 식물의 감각법	대니얼 샤모비츠 지음, 이지윤 옮김	다른
물리학 시트콤	크리스토프 드뢰서 지음, 전대호 옮김, 이우일 그림	해나무
구글 신은 모든 것을 알고 있다	정하웅, 김동섭, 이해웅 지음	사이언스북스
과학의 민중사	클리퍼드 코너 지음, 김명진, 안성우, 최형섭 옮김	사이언스북스
생명	송기원 지음	로도스
X의 즐거움	스티븐 스트로가츠 지음, 이충호 옮김	웅진지식하우스
다윈의 서재	장대익 지음	바다출판사

생물학 이야기	김웅진 지음	행성B
장하석의 과학, 철학을 만나다	장하석 지음	지식플러스
보스포루스 과학사	정인경 지음	다산에듀
과학 수다1~2	이명현 외 지음	사이언스북스
자연의 배신	댄 리스킨 지음, 김정은 옮김	부키
마인드 체인지	수전 그린필드 지음, 이한음 옮김	북라이프
수학이 불완전한 세상에 대처하는 방법	박형주 지음, 정재승 기획	해나무
인류의 기원	이상희, 윤신영 지음	사이언스북스
홍성욱의 STS, 과학을 경청하다	홍성욱 지음	동아시아
하루종일 우주생각	지웅배 지음	서해문집
숫자 없이 모든 문제가 풀리는 수학책	도마베치 히데토 지음, 한진아 옮김	북클라우드
아인슈타인 일생 최대의 실수	데이비드 보더니스 지음, 이덕환 옮김	까치
바이오닉맨	임창환 지음	MID
n분의 1의 함정	하임 샤피라 지음, 이재경 옮김	반니
내가 사랑한 수학자들	박형주 지음	푸른들녘
더 브레인	데이비드 이글먼 지음, 전대호 옮김	해나무
조선시대 과학의 순교자	이종호 지음	사과나무
로봇 수업	존 조던 지음, 장진호, 최원일, 황치옥 옮김	사이언스북스
교양인을 위한 화학사 강의	옌스 죈트겐 지음, 비탈리 콘스탄티노프 그림, 송소민, 강영옥 옮김	반니
양자 세계의 신비	티보 다무르 지음, 마티유 뷔르니아 그림, 고민정 옮김	거북이북스
미생물이 플라톤을 만났을 때	김동규, 김응빈 지음	문학동네

10대를 위한
나의 첫 과학책 읽기 수업

초판 1쇄 2019년 11월 29일
초판 2쇄 2022년 4월 29일

지은이 조영수 류수경 유연정 홍승강

펴낸이 김한청
기획편집 원경은 김지연 차언조 양희우 유자영 김병수
마케팅 최지애 현승원
디자인 이성아 박다애
운영 최원준 설채린

펴낸곳 도서출판 다른
출판등록 2004년 9월 2일 제2013-000194호
주소 서울시 마포구 양화로 64 서교제일빌딩 902호
전화 02-3143-6478 팩스 02-3143-6479 이메일 khc15968@hanmail.net
블로그 blog.naver.com/darun_pub 인스타그램 @darunpublishers

ISBN 979-11-5633-273-2 43400